形を読む

生物の形態をめぐって

養老孟司

講談社学術文庫

文庫版まえがき

　この本は私が単行書として書いた最初の本である。正確にはいつだったか、むろん覚えていない。ともあれ三十代の後半から四十代の初めには、ここに書いたようなことを真剣に考えていた。半世紀前に近いことだから、覚えていなくて当然であろう。しかし内容を読み返してみると、いまでも意見はさして変わっていない。進歩しないと言えば進歩していないし、内容はその頃からわかっているのだから、「当たり前」を論じただけだ、とも言えよう。

　この本の最終部分はそのまま延長して、『唯脳論』になった。この本で最初に登場した「馬鹿の壁」という表現は、馬鹿がバカに変わって、新潮社から新書を出すときのタイトルになった。それを選んだのは、新潮社の石井昴さんである。要するにこの本は、私が研究生活で考えたことの大部分を含んでいる。

　少しややこしい説明をすると、この本で強調した繰り返しの問題は、新潮新書『遺言』の主題になった。差異と同一性の問題である。本書『形を読む』から一昨年の『遺言』まで、半世紀近くにわたって、同じ主題を繰り返し考えている。でもそう思ってくれる人は少ないだろうと思う。

この本を書いたころは、まだ自分の考えが理解されるかもしれないと思っていた。だから「真剣に」書いたのである。いまは必ずしもそう思っていない。それなら不真面目になったのかというと、そうではない。近年の脳科学では、喜怒哀楽のような情動ですら、客観的な基準はないとされる。考え、つまり思想も同じであろう。論理的であるだけなら、コンピュータに任せればいい。アルゴリズムに従って、きちんと解答を出してくれる。それに対して、自分の考えを記すというのは、まさに個人的な作業であり、おそらくそれは個人の脳に依存する。諸科学に普遍性があると信じるなら、それはそれでいい。そう述べるしかない。歳を経て、私自身はそうは考えなくなった、というだけのことである。

この本を読んで、そういう考え方もあるか、と思ってくだされば、ありがたいことである。それ以上に望むことなどない。

二〇一九年十一月

養老孟司

目次

はじめに

この本では、生物の形態を、一般にヒトがどう考え、どう取り扱うかについて、私の考えを述べた。いままで、形態そのものを扱った本は多いが、こういう視点の本はないと思う。

もちろん、自分の専攻が解剖学なので、形態そのものについて、自分の考えも述べてある。その意味で、これは、私の形態学総論である。ただし、専門的、技術的な問題には、あまり触れていない。だから、自然科学畑でない人でも、読んでわかっていただけるのではないかと、期待している。もっと専門的あるいは具体的な問題については、よい書物がたくさんある。それを参照して欲しい。

この本の内容すべてが、自分の独創的見解なら、それにこしたことはない。しかし、むろんそうはいかない。

第一に、ヒトは、きわめて長い期間にわたって、生物の形を扱ってきた。したがって、「太陽の下に新しきことなし」

と歌った、古代ローマの詩人のことばを引くまでもなく、この分野にとくべつ新奇なことがあるとも思えない。

第二に、私もかなり年をとった。眼鏡を外さないと、解剖すらできない。最近、それに気がついた。むろん老眼のためである。

当然のことながら、記憶もずいぶん悪くなった。したがって、自分の考えが、はたして自分の独創であるのか、読書や他人の講演を聞くことによって、途中から頭に入ったものか、そこもいまでは、不明確になってしまった。現在私のものである意見が、自分の意見なのか、もともと他人の意見だったのか、そこがはっきりしない。

そういうわけで、この本で議論していることは、古くから多くの学者たちが考えてきたことを、たくさん含むにちがいない。もしそれに、私がなにか付け加えたとすれば、古言の歪曲か、余計なことだけかもしれぬ。形態学のような古い学問では、それはそれで仕方がない、と私は考える。

形態は、なにはともあれ、目で見るものである。しかも、生物学的にいえば、ヒトは、視覚系がたいへんよく発達する。したがって、「ヒトが見る」世界には、視覚の特質が、強く反映するにちがいない。そこから、形態学の、認識論的性質が生まれる。

さらにここから、形態学と、他の多くの生物学の部門、とくにいわゆる実験科学との間に、考え方のちがいを生じる。文科系の学問があるため、一括されがちだが、自然科学、あるいは生物学には、かなり考え方の異なった領域がある。第一章と第二章では、まずそうした面を扱う。

違う分野の人と理解し合うことは、実際むずかしい。日常生活の常識が違うからである。私などは、違う分野の人と話すと、年中腹を立てている。相手の方も、そうかもしれぬ。それには、根気よく話し合うしかない。人によっては、しつこいと思うかもしれないが、言葉や画についての議論も、ここに含めた。これを省略しても、内容の趣旨には、さした違いは生じない。ただ、境界領域として最大の分野である、いわゆる文科と理科の接点として、私はこれを省略したくなかった。

第三章では形態とはなにかを考えた。第四、五章では、形態学の基礎概念として「対応関係」（相同と相似）および「くり返し」（重複、剰余）を扱った。これらの章の主題は、従来、ほとんど扱われていない。いわゆる「常識」として、考えるに値しない、と思われていたのではないか。

第六章以降は、ヒトが生物を対象として観察する際に、形をどう意味づけるか、という論議である。私はそれを、まえから大きく四つに分けている。読んでいただけばわかるから、ここに詳説する必要はない。形を見るときに、これら以外の形の解釈ないし意味は、いまのところ見あたらない。それが、私の言いたいことである。

私が形態の意味や解釈をあつかう理由は一つである。それは、そうしたものが、けっきょく、自分の頭の中の現象だと考えるからである。自然科学の各分野は、しばしば対象のみを純粋に取り扱うという、「ふり」をしてきた。そうすれば、自分の頭の方は、無視できるからである。形態学も、その典型であろう。この本が、それとはいくらか違った観点を、形態学に導入することができれば、著者の目的は達せられる。最後の章に、それを論じた。

学問は、時代とともに変わるように見える。とくに現代では、その勢いは著しい。しかし、それを扱っている人間の方は、所詮変わらない。そうでなければ、私の観点には、むろんほとんど意味がない。

この本は、培風館の石黒俊雄さんのおかげで、出来あがった。最初に書くという話になったのは、もう何年も前のことである。それが、いつのことだったか、おたがいに忘れてしまった。書いているうちに、こっちの考えもだんだん変わるから、なかなかできあがらない。いじれば、いくらでもまだいじれる。際限がない。もういい加減にやめようと思っているうちに、とうとうできあがった。

それにしては、内容はたいしたことはない。それは、本人の能力だから、仕方がないのである。

第一章　自己と対象

1　客観主義

科学の世界は、すなおに考えれば、考えている「自分」と、そこで考えられている「対象」とで、成立している。これから扱おうと思っている形態学でも、もちろん事情は同じである。

そう言ってしまえば、それだけのことだが、これだけの話でも、考えようによっては、案外面倒なのである。

たとえば、いちばん素朴に、科学的客観性を信じる人なら、こう考えるかもしれない。「自然科学では、対象に内在するはずの真理のみを、できるだけ追究すべきである。自分の考えというのは、つまりは主観である。これが、きわめて誤りやすいということは、経験的に知られている。むしろ、それだからこそ、自然科学が生じた。だから、大切なのは、正当な科学的手続きに従い、事実に即して証明された客観的真理である。科学には、自分などできるだけ含めないほうがよろしい」

ほかの誰でもない、自分が、「科学」をやっている。そのことは確かだが、右の「客観主義」では、そんなことは重要ではない、というのである。自分はむしろ、排除すべきである。

もし、客観的真理が見つかれば、それは定義により、誰にとっても真である。だから、その世界には、自己も他人もない。客観、あるいは真実のみがある。誰でも、それには、好むと好まざるとにかかわらず、従わざるをえない。屋根から飛べば、やはり下に落ちる。重力の法則に、反抗してもムダである。

これ以上、ややこしい議論はしないでも、実際の実験室は、こうした考えを前提にして、じゅうぶん動く。あるいは、そのおかげで、十九世紀いらい立派に動いてきたのではないか、とも思う。

こうした「客観主義」を、私は誤りと考えているわけではない。しかし、それは、同時に、いくつかの思わざる帰結を生みだした。そのひとつが、科学における「自分」の隠蔽(いんぺい)である。

どんな考え方も、実際に応用すれば、それなりの副作用を生じる。客観主義は、科学においては、どちらかといえば真実は対象の方にある、という感覚を生みだした。だから、自然科学の対象は、あくまでも「自然」だというのである。自然が、われわれのお手本である。

おかげで、自然科学には、多数の専門分野を生じた。それぞれの分野が、固有の対象と方法論とをもち、それらはまた、大学なり研究所なり固有の社会的位置をもつことになる。はじめてその分野を学ぶ人が、そこに入っていく。

そこに縄張りをつくっている人間の方は、とりあえず措く。人間は、自然科学の対象ではない。問題は、「客観的真実」である。なんとなく、そういうふうになる。

たとえば、私は解剖学者である。それなら、解剖をするのが、本職である。もしなにかを考えるなら、解剖学の領域に固有の問題について、考えたらよろしい。

では、解剖学とはなにか。そういう問題は、いったい誰が考えるのか。たぶん、哲学者であろう。なんとなく、そんな結論になる。

ほんとうは、哲学者も自分のことで忙しく、そんなことを考えている暇はない。解剖学のことなど、考えたところで、一文にもならない。

解剖学は、ヨーロッパではアナトミー（Anatomy　英）という。この単語には、「――学」という語によく付けられている、「オロジー」、つまり「学」という接尾語は、ついていない。Ana は、分析 Analysis の Ana で、つまりは「分けること」、-tomy は「切ること」である。だから、もともと解剖学とは、早い話が、バラバラにすること、解剖する、というだけのことだった。

　解剖学は、「学」のつかない学であるだけでなく、ほかの「学」とちがい、なにが学なのか、いささか不分明なところがある。「解剖すること」であるから、そこに高度に論理的なものは、なにもない。対象としては、きわめて単純な「現実」があり、それはヒトの死体であったり、動物の死体だったりする。それを解剖学者が、いわば「冷たい」目で眺め、バラバラにする。

　これが解剖学であるらしい。しかし、それではどうも、なんとなく、ものたりない。もうすこし学問らしく見えるところも、あっていいのではないか。解剖学における客観的真理とは、要するに、ヒトの死体か。それなら、解剖学はいらない。必要な時に、ヒトの死体を、そのまま持ち出してくればいいではないか。

　私が解剖学を専攻しはじめたころ、こんなふうに思ったこともある。ほかの学問が、ずいぶん立派に見えた。解剖学も、そういう立派な学問と同じであってほしい。

　しかし、どうもあまり冴えない。古色蒼然としている。なにしろ、わが国でいえば、山脇東洋、杉田玄白である。新しいことなど、どこを押しても、出てきそうにもない。

　本人がなんとなくそう疑っていると、意地の悪いことに、しろうとまでが、わたしに尋ねる。

「いまどき解剖学など勉強して、何かわかることでもありますか」

しかし、いったん始めてしまったものは、仕方がない。乗りかかった舟である。仕方がないから、解剖学を学びながら、いったい自分のやっていることは、要するに何なのだ、と考えはじめた。

たしかに、目の前に死体がある。しかし、それだけでは、なにもできない。何をどうしていいか、皆目わからない。下手な禅の修行である。死体をにらんで、うなっている。解剖すればいいのだが、はて解剖してなにを見ればいいのか。

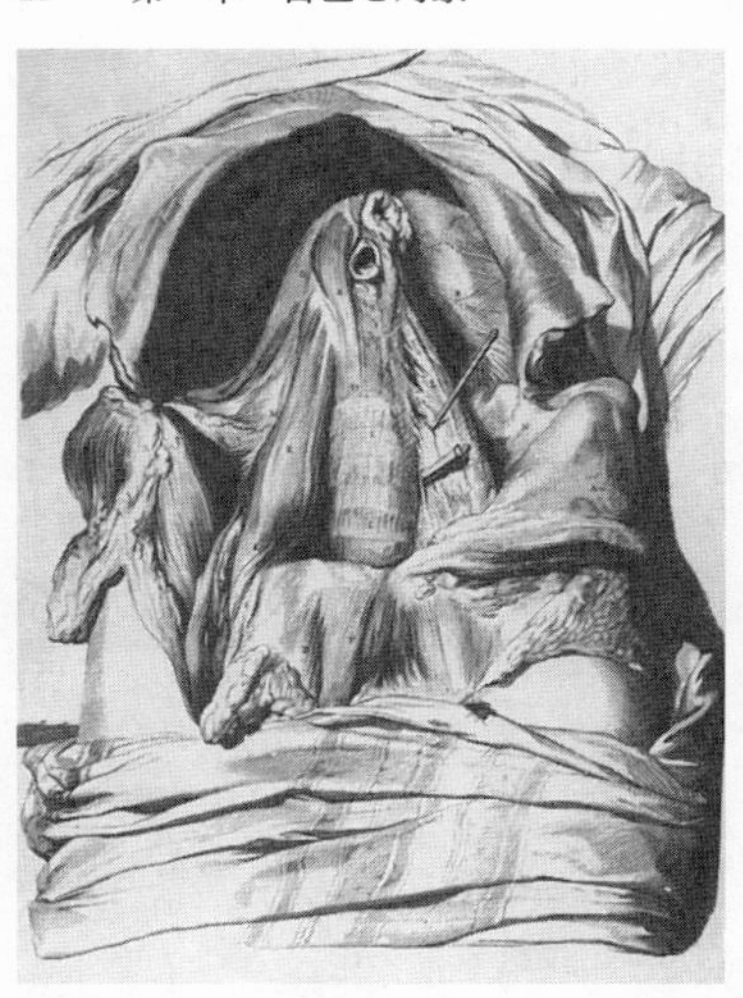

図1　解剖図
ビドローの解剖図譜（1685年、アムステルダム）から。死体をおおう布に、ハエが1匹とまっていることに注意。当時の解剖のようすがわかる。原著は、わが国では、ゲッチンゲン古典医学文庫にある。

そんなことを、いろいろな場面で、何度かくり返すうちに、開き直ったのではないかと思う。なんとなく、気がついた。

どうしていいかわからない。それは、あたりまえだが自分のせいである。やるべきこと、知るべきことが、解剖学というできあがった形で自分の外側に存在している。そう思っていたのがいけない。どこを探しても、「解剖学」などという「実体」が、現実にころがっているわけではない。

同時に思う。目の前にある死体は、たしかに客観であり、現実である。しかし、私がなにか、そこに「意味」を見いださなければ、これはただの死体にすぎない。そうした「意味」は、誰かが、親切に運んできてくれるわけではない。

私に与えられているのは、目の前の死体だけである。それを、自分はいったいどう考え、どう扱うつもりなのか。

そう考えだすと、解剖学の古い歴史に、はじめて興味が出てくる。この辛気くさい学問にも、先達は大勢いる。その人たちは、それなら、どう思っていたのか。そういう人たちが、情熱を傾けた解剖学とは、いったいどういうものだったのか。

それだけではない。私がいま、そういう学をどう続けたらいいのか。それは、いったい、どこから始まるのか。こういうことを考えること、それ自身は解剖学なのか、そうではないのか。他の学問と、解剖学の関係は如何。

けっきょく私は、解剖学によって「自分」を発見させてもらったのである。解剖学が、私の修業時代に、もしいまをときめく花形の分野であれば、そもそも私は、「科学とはなにか」とか、「解剖学は何をするものか」とか、そんな暇なことは、考えなかったにちがいない。むしろ、客観的事実の山に、まさしく埋もれたであろう。

また私の先生が、仕様もない人で、科学は「業績」である。それも、ほかの誰でもない、「自分の」業績にほかならない。ゆえに、お前は、俺の仕事をどんどん手伝えばよろしい。そういう型の人であれば、私もそれに従ったかもしれない。

幸か不幸か、恩師は、学者としても、人間としても、きわめて尊敬すべき人物であり、学問であれ何であれ、他人に一切ものを押しつけるようなことをしなかった。おかげで私は、この本のようなことを、ブツブツ考える始末になってしまったのである。

はじめに戻っていえば、科学が「自分と対象だ」というのは、私の本音である。はっきり言えば、「私と死体と」である。私の解剖学は、そこからはじまった。しかし、それを「哲学」だと思うひともいるし、もっと極端な場合には、「ことばの遊び」だと思うひとも、ないわけではない。そう思うなら、それでもいいのである。お釈迦さまのようにありがたい教えを説いた人でも、「縁なき衆生は度しがたし」と言った。私ごときの言うことが、耳に入らぬひとが、いない方がおかしい。

るであろう。

2　実験科学

科学は「自分と対象とで成立する」と述べた。しかし、これでは、科学の内在的な定義には、なっていない。人生だって、自分と対象とのからまり合いで過ぎていく。そう反論されるであろう。

死体とにらめっこの禅の修行中に、もちろん、科学とはなにか、考えさせられた。すでに述べたように、解剖学は当時（いまでもそうだが）、けっして旗色のいい科学ではなかった。そのうえ、私が青二才だから、まともに怒られる。

「観察、観察では、科学にはならぬ。それでは、子供の科学だ」

そんなことも、言われるのである。そういえば、戦争中には、少国民の科学、などというのがあった。理科の観察と称して、コオロギの足を見たりする。どうやって鳴くか、というのである。

解剖学の観察も、そんなものだと思っているらしい。そんなことを言われたって、解剖は観察からはじまる。解剖が観察なのは、俺のせいじゃない。昔からである。そう言いたいのだが、相手のいうのも、一理あるかと思うから、そこで我慢する。

こういうことを言うのは、そのうち、ほとんど実験科学者だ、ということに気づいた。実験科学の人は、何というか。

客観的事実、つまり科学的な事実というのは、厳密に規定された条件下で、くり返しが可能なものである。観察などという、いい加減かつ適当な方法では、自然の真相には迫れない。だいたい、形態学などは、科学ではない。ものを見てブツブツ言っているだけである。生産的なことは、なにもない。

そこまで言われると、こちらも頭の中で、逆襲する。

くり返し可能な客観的事実というのは、ほんとうにあるのか。

どのような出来事も、歴史の上では、一回しか起こっていない。たとえば、「食事をする」ことですら、そうである。食事の細部まで、昨日の食事とまったく同じ、ということはありえない。とすれば、食事ですら、厳密には、くり返しは不可能ではないか。

実験科学は、くり返し可能な現象しか扱わない。それなら、どのようなものが、くり返し可能か。太陽は東から出て西に沈む。これは、たしかに、毎日くり返す。

しかし、昨日の太陽と、今日の太陽は、同じものか。厳密にいえばちがう。すくなくとも、太陽の光が、地球にやって来ているかぎり、太陽はその分だけ、何かを失うはずである。やがて、そうした出来事の結果、太陽が死ぬことは、誰でも想像がつく。

まったく同じことが、くり返し起こったと思うのは、本人がそう思っているだけである。ニュートン力学でいえば、三体問題だって、解が一義的には定まらない。お前らの実験で、確実なことなど、なにひとつ、わかるものか。まして相手は、複雑怪奇な、生き物である。

実験科学では、くり返し可能とするために、細部は余分なものとして省略する。つまり、現実の出来事から、ある種の具体性を抜く。残った骨だけを取りだす。その結果、ある前提条件のもとで、ある限られた骨格のみを、くり返し起こさせることができる。それが、科学の実験ということになる。

ここのところは、じつは、解剖学でもよく似ている。ヒトは、ひとりひとり違う。しかし、そうした違いだけに注目していたのでは、解剖学は成立しない。おそらく無限に、扱うべきことが生じる。際限がなくなってしまう。

それなら、死体を何度とりかえても、共通に見られる現象だけを、扱えばいい。どの死体にも共通するもの、すなわちくり返されるもの、それが基本的なものである。いちばん素朴には、解剖学は、その規定からはじまっている。だから、実験科学と解剖学は、その点では、べつに異なるところはない。科学者が実験するか、自然が実験するか、その違いにすぎない。

なにも、実験家に、怒られることはなかったのである。

科学はきわめて具体性のあるものだ、と信じている人がよくあるが、それは多分ちがう。ほんとうは、右のように、現実をかなり抽象化している。実験家は、きわめて具体的な現象を扱っていると思っているが、じつは、そうではない。解剖学のほうが、ある意味では、は

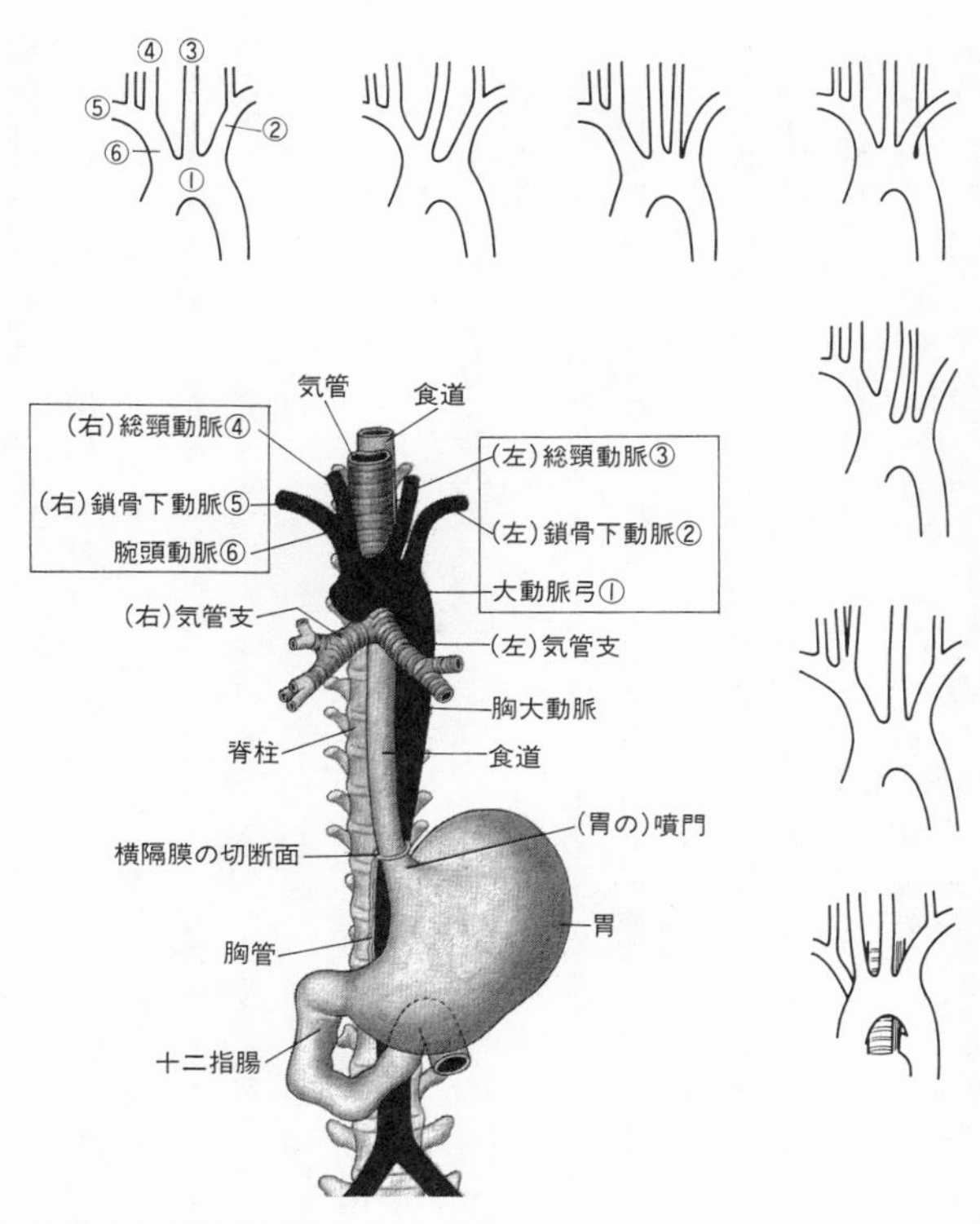

図2　ヒトの大動脈弓から発する大血管のパタン

このように、血管の主要部にも、個体差は明瞭に出現する。全体図には、食道・気管と大動脈の概略の位置関係を描き、大動脈弓から分岐する総頸動脈、鎖骨下動脈を示す。

これらの動脈および椎骨動脈（全体図では省略、模式図では無印）の分岐様式には、模式図のように、7型の変異を認める（足立、1928）。いずれも「病的」なものではない。これらのパタンでは、なにが「くり返され」、なにが「くり返され」ないのか。

るかに具体的である。

くり返し可能という原則をおけば、それだけで非常に多くの、きわめて具体的な事象が、科学の網から漏れる可能性がある。実験家はそれを漏らさなければ、実験にならないから、平気でそうするところがある。解剖学でいえば、どこの誰にも見られるもの、という対象だけを扱うことになる。考えようによっては、そんなつまらぬものはない。

進化を扱おうと思うと、いまのところ、くり返し可能では、たちまち困る。進化学は、この地球上で、一回こっきりしか起こらなかった出来事を対象にする。だから、進化全体を扱うなら、それは、科学ではありえないことになる。むしろ、それは、広い意味での歴史学にほかならない。

個々の事象から、具体性を抜かざるをえないために、あまり「くり返し可能」にこだわると、科学はだんだん衰弱し、痩せおとろえてしまいかねない。たとえば、進化は、科学からはみ出してしまう。

だから、私は、科学はくり返し可能な現象のみを扱う、という定義にこだわらなくなった。自然科学の分野でも、純粋に実験的な科学ばかりがあるわけではない。しかし、なぜか、自然科学は、実験科学以外のものではないと、堅く信じている人がいる。

これも、べつに誤りではない。それは、科学の定義の問題にすぎないからである。「俺がやっているのが科学だ」、というわけである。それに、誰であれ、ボケればそういう傾向になる。

　さきに客観主義と呼んだものに、私はもちろん反対はしない。しかし、あまり厳密な客観性も、私は信じない。客観だと思っているのは、じつは自分の頭で、自分の頭がいかにあてにならないか、わかっているからである。そうかといって、他人の頭だって、それ以上にあてになるという保証はない。だからモンテーニュは言う。

「どんなに高い玉座に登るにしても、座っているのは自分の尻の上である」

　科学の客観性を重視する考えは、私より上の世代では、一般的だったような気がする。その背景は、科学の外の世界、たとえば文学や政治における、「主観」の重視だったのではないかと思う。「精神一到、何事か成らざらん」。これでは、私でも、客観性を重視したくなる。

　自分があり、対象があると考えると、形態学には、二つの立脚点があることになる。一つは、相手の「見え方」を主とするものであり、いわば、客観性をあつかう。もう一つは、自分は、相手をどう見るか、という自分の側の問題をあつかう。後者の立場は、従来、自然科学の中に、含めないことにしていたと思う。その理由は、「客観主義」の項で述べたとおりである。

　現実には、人はふつう、それを適当に分けて、考えている。自分の側の問題は、形態学者なら、たとえば、自分の主題の選択にあらわれる。なぜならそれは、アカデミズムでは、個人が自由に選択できるもの、という「たてまえ」になっているからである。なぜその主題を選んだかはあくまで個人の問題であって、つまりは、主観の問題として許されている。しかし、それが、時代や他人や、あるいは歴史の影響と無関係とは、誰にも言えまい。現代では、それに加えて、社会的要請が表だって存在する。お金の配分なら、その要請が完全優先である。そして、現実の形態学はそれで動く。だから、自分の側の問題は形態学の範囲外だ、という口上は、いまではどうしても成り立たない。そう私は思う。だいいち、形態学者が主題の選択について考えなければ、ほかには誰もそんなことは考えない。

ここでもやはり、純粋を尊び、自然科学を限定すれば、科学自身はしだいに痩せ細っていく。

自分の側の問題が、やはり科学の問題だとする理由は、まだある。それは、形態学とはなにか、という主題に関係している。

3　形態学とはなにか

自分と相手が存在する、ということにすると、つぎは両者の関係である。

これがなんとなくあやしげだから、認識論の専門家は、それ以前にたいてい異議をとなえる。しかし、自然科学の基礎をなしているのは、この「関係」である。私はそう思う。

形態学とは、感覚、なかでもおもに、視覚を媒介として、外界つまり対象と、自分の脳つまり自分との間に、ある「対応関係」をつけることである。

生物は、さまざまなやり方で、外界を空間的に認知する能力をもっている。それは、ヒトでは、おもに視覚に頼り、コウモリやクジラでは、聴覚に頼る。そして、トガリネズミやジヤコウネズミのような食虫類では、おそらく、ヒゲを媒介として、触覚にも大きく依存していると思われる。

こうした動物では、外界は、それぞれ異なった感覚を通して、脳になんらかの形で投影されている。だからかれらは、思わぬ障害物を避け、餌のありそうな道をたどり、やがて自分の巣に帰ることができ、こうした行動をくり返すこともできる。

このばあい、外界は動物の脳の中に、われわれの場合とは異なったふうに写るであろう。しかし、それもまた、同じ世界の像である。そして、われわれの脳に写っている、ある空間の像と、かれらの脳に写っている空間像には、その空間が同じものなら、やはり大きな共通点があるはずである。その共通点は、その空間を占めるさまざまな物体の、さまざまな具体的性質を反映している。また、それと同時に、数億年以上の歴史をかけて生物が作りあげてきた、神経系のもつ特質を、それらの空間像は、共有しているにちがいない。

解剖学は、いわば、動物が自分の居住する空間を、脳にある形で投影するように、人体や動物の構造や形を、われわれの脳に投影することによって、脳に、あるまとまった、そういうものの「像」を作りあげるものである。だから、それは、ちょうどコウモリの世界が聴覚的特徴をもち、トガリネズミの世界が、おそらくは触覚的特徴をもつように、ある種の視覚的特徴をもつだろう、と予測できる。そのようにして脳に投影された「形」を、われわれは吟味し、比較し、その世界のある全体像を作りあげようと努力する。

だから、考えてみれば、形態学といい、解剖学といっても、もともと動物が、自分の周囲の世界を探索していた行動と、あまり変わるところはない。むしろ、そうした行動の典型的な延長だといってよいであろう。したがって、そうした行動の含む多くの特性を、こうした学問は、保存しているにちがいないのである。

それらの行動を、どこに生物が保存するかといえば、それは、自分の神経系、つまり脳の中にである。だから、自分といい客観といっても、それは要するに、脳であり、外界であると言い換えることもできよう。あるいは、個体と環境、と大ざっぱに言い換えても、同じことになるであろう。

こうして考えているうちに、私は、はじめに解剖学、という戸を立てたのが、そもそもの間違いではなかったか、と思うようになった。ヒトの死体だけを扱っていれば、たしかに解剖学という分野は、歴然としてある。しかし、それを扱っている自分はどうか。

私自身は、哺乳類の一種である、ヒトに属する。しかも、ヒトの体を解剖すれば、それ以

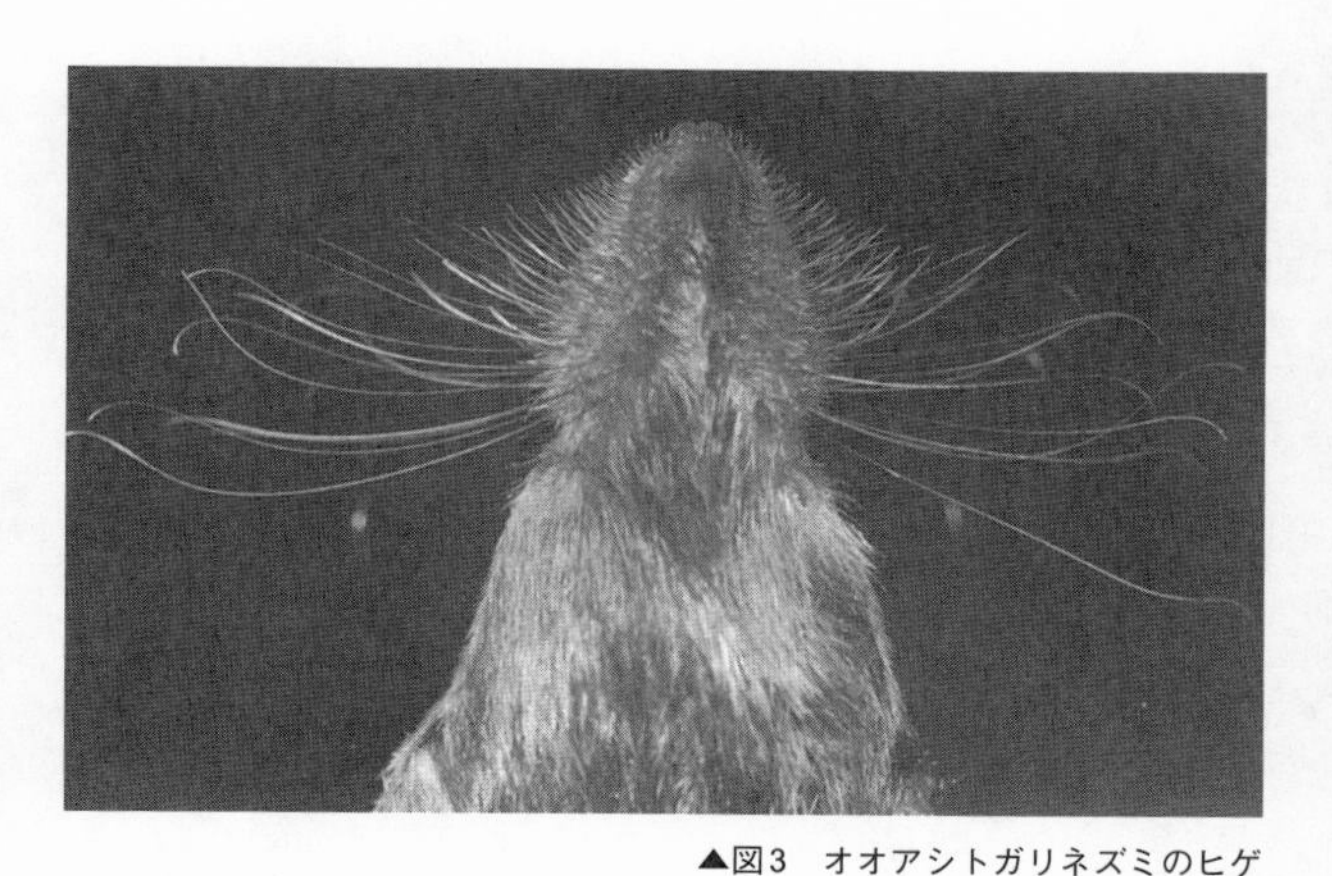

▲図3　オオアシトガリネズミのヒゲ
このヒゲはすべて感覚器である。これで認知される外界の像はどんなものであろうか。トガリネズミ類では、視覚の発達は悪く、一方ヒゲ（体性知覚系）の発達が著しい。写真では右の眼が見えているが、きわめて小さい（神谷敏郎氏撮影）。

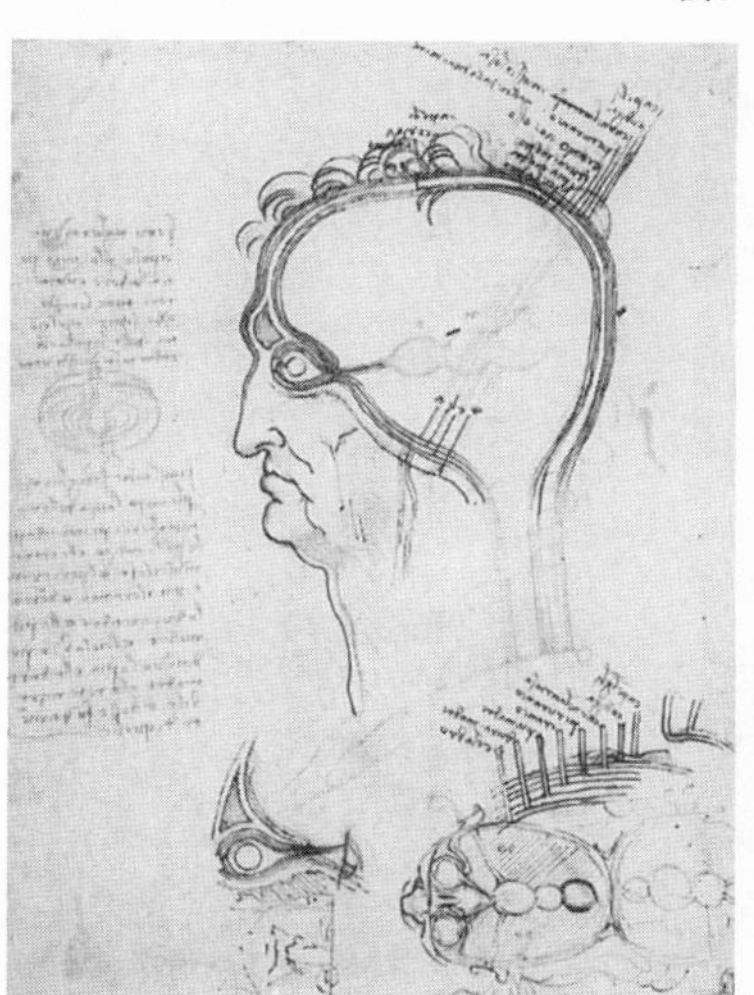

◀図4　眼に写ったものは、どこに行くのか
レオナルド・ダ・ヴィンチの描いた眼と視神経。この絵では、視神経の行く先は脳室である。脳室は脳の腔所で、脳脊髄液を入れる。中世ヨーロッパの人たちは脳室を「精神の座」と考えていた。現代のわれわれは、どう考えているのだろうか。

上のことが、歴然としている。

東京大学医学部の標本室には、著名人の脳の標本が、いくつも置かれている。それが構造上、誰の脳かを、私は指摘できない。しかし、それは、いずれもヒトの脳であることを、ただちに指摘できる。

それはけっして、ネズミの脳でも、チンパンジーの脳でもない。ヒトの脳としての共通性は、それほどはっきりしている。

文科系の人なら、物質をしらべて、精神がわかるか、と言うかもしれない。たとえば、小林秀雄は、そういう趣旨のことを言った。しかし、ここで問題なのは、物質から精神がわかるかどうか、ではない。両者にどういう対応関係があるか、その対応関係の形式は如何、なのである。

脳の構造や機能と、ヒトの精神のはたらきの間に、ある対応関係が存在することを、誰も否定できないであろう。大脳皮質が薄くなれば、誰でもボケる。ボケた人は、皮質が薄い。

脳と精神の対応の詳細を、われわれはまだ知らない。しかし、その詳細は、まったくの暗黒というわけではない。ボケの場合のように、すぐわかることでも、知ろうとしないのではないか。

科学の「真理性」を保証するものは、何であろうか。

その根底にあるものは、ヒトの脳の構造が示す、こうした共通性にちがいない。他の解剖学的形質と同様、そこには、もちろん個体差も存在する。そうしたものをひっくるめて、私は「自分」あるいは「自分の側の問題」と呼んだ。

もう一つは、その脳自身が、数十億年の歴史のあいだ、外界、つまり客観と関係してきたという事実である。脳の本来の役割の一つは、感覚系からの情報をまとめ、外界を認識することであった。その外界を、私は対象と呼んだ。

解剖学も、科学も、あるいは文学も、哲学も、その歴史の上に乗っている。その意味で、これらの学問も、けっしてたがいに無関係ではない。まさしく、その成立の背後には、もっとも一般的な、「共通性」が存在しているはずである。

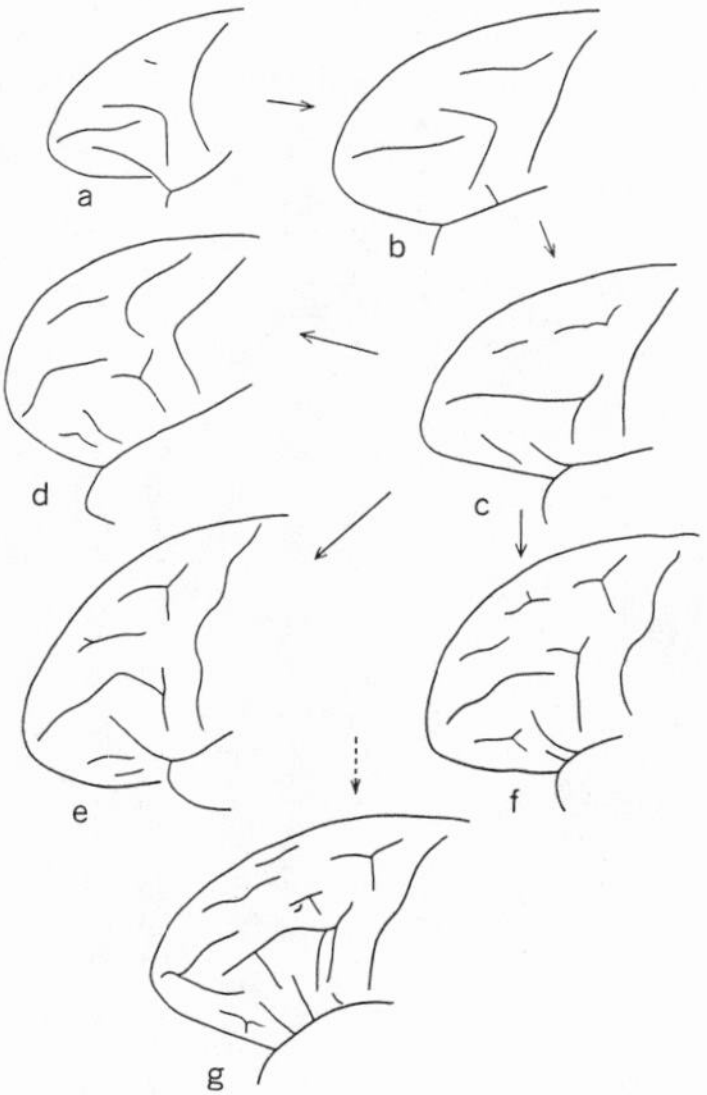

図5　霊長類の脳におけるパタン
前頭葉にみられる溝の模式図。溝の間の部分を脳回という。これらのパタンは、たがいに無関係とはいえない。矢印は考えられる類縁関係を示す（細川・神谷、1968）。
a. *Macaca*、b. *Comopithecus*、c. ギボン、d. オランウータン、e. ゴリラ、f. チンパンジー、g. ヒト

「科学では、自分と対象とが存在する」という内容を、はじめ論じたように、「文科」的に吟味すれば、「哲学」だと考える人が多い。しかし、「外界と脳」といえば、こんどは「生理学」の話だと思いこみ、「個体と環境」と表現すれば、生態学だと信じこむ。

しかしそれは、「ことばに遊ばれている」だけだ、と私は思う。一方では、私の論議の方を、ことばの遊びと考える人もいるのであるが。

それはそれで仕方がない。もちろん私は、遊ばれるよりは、遊んだ方が、まだまし、と思っているのである。

4　形をあつかう

ふつう典型的に「自然科学」、と考えられている学問には、物理学や化学がある。こうした科学と形態学とは、おなじ自然科学だから、根本的には同じと考えてよい。それが、一般の考え方であろう。

しかし、この二つの学問群には、思ったより大きな違いがある、と私は思う。それは、ふつうあまりはっきりとは、意識されていない。

では、この両者は、いったいどこが違うのか。

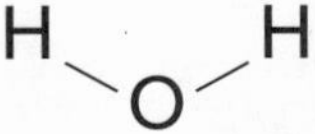

H　O　H

図6　水の分子
この拡大で人体の図を描いてみよう。どのくらいの大きさの紙が必要か。

ここに、水の分子があったとしよう。化学では、むろん、あたりまえのことである。そこで水の分子を、図6のように描く。

さて、私の対象は人体である。人体を、この水の分子を描いた比率で描けば、どのくらいの大きさになるか。

水分子の大きさは、約2オングストロームである。オングストロームは、スウェーデンの科学者の名である。この際それは無関係だが、1オングストロームは長さの単位で、千万分の1ミリのことである。それをこの本では、20ミリにしてある。したがって、この水分子の拡大率は二億倍である。

さて、人間を二億倍してみよう。身長一・五メートルの人であれば、三億メートル、つまり三十万キロメートルになる。これは、地球七まわり半くらいの距離になる。どこかで聞いたような値だが、一秒間に光が走る距離である。もう数万キロで、じゅうぶん月に届く。

化学者は、自分では物を扱っているというが、頭の中では、じつは分子を扱っている。その世界は、ヒトの基準で考えれば、極端に小さい。そんなに小さい分子のことが、なぜわかるかは驚異だが、わかるという。わかるらしい。

こんなに小さいものは、もちろん目に見えない。ゆえに、その存在を決めるのは、人間の論理である。理屈があるからこそ、化学者は水分子というものの存在を信じるのであって、化学はじつは、その意味では、まったく論理的にできている。

そもそも理屈が存在を予想しなければ、目に見えないものを、だれが図に描くことができるか。

解剖学、形態学は、これとは正反対である。ヒトの体は、はじめから目に見えていた。だから、アダムとイブは、それを隠す必要を感じたのである。水分子を隠す必要などまったくない。見えないものを、隠しようがないではないか。

つまり、化学では、はじめに論理が存在する。論理によって、分子という対象が存在するようになる。しかし、形態学では、はじめに対象が存在する。論理はむしろ、対象をめぐって揺れ動く。すなわち、ここでは、対象は同時に前提である。

そもそもの始まりが、これだけ違う学問が、現代の生物学の中では、なんとか一緒にやっていく。それもまた驚異ではあるが、そのために生じる誤解も少なくない。ミトコンドリアの中に、クレブス回路が見えません、と教師に訴える学生は、たとえば、意識せずして、その被害者である（第三章、図23）。もっとも、被害者とは、その意識と同時に生じるものであって、その意識がなければ、被害者ではない。

右の主題をさらに進めてみよう。

発生には、誘導という現象がある。ある器官が発生するとき、その器官のもとになる部分、すなわち原基に、隣接した組織の影響がはたらき、その原基を「誘導」し、器官への分化を決定させる。これをひきおこす物質を、誘導物質という。

たとえば私が、ある誘導系で、誘導物質を化学的に分離したとする。その物質を器官原基に与えると、その器官を生じさせることができた。その物質は蛋白であったとする。

さて、私はこの蛋白を、徹底的に研究する。まず、アミノ酸配列を決定する。それから、結晶のエックス線回折をおこない、三次構造をしらべる。その結果、それがどのような分子であるか、立体構造を含め、細かいところまで、その姿を、きわめてはっきり知ることができた。

ところで、その段階で、もとの誘導系にもどる。器官原基は、どうなったであろうか。まだ何もしていないから、べつに変わったことはない。しかし、よく考えてみるとそうではない。原基は、すっかり姿がボケてしまっている。

なぜか。

はじめは、誘導物質も、構造がはっきりしていなかった。つまりそちらの姿もボケていた。ボケどうしが作用しあっていたうちは、話もボケているから気がつかなかったのだが、その片方だけ、つまり誘導物質だけが、明瞭な姿になってみると、原基のボケ方は、以前より、はるかに著しいとわかる。どのくらい著しいかというと、誘導物質の姿がはっきりした分だけ、原基の姿がボケている。

誘導物質は、原基のどこにはたらくのか。蛋白は分子が大きいので、細胞内にすぐには入らない。おそらく、それは、原基を構成する細胞の表面膜に存在する、誘導物質に特異的な受容体と結合する。

その受容体の構造も、同じようにして決定しなくてはならない。その受容体は、細胞表面にどう並ぶのか。誘導物質と受容体が結合した、結合体は、どういう作用を生じるのか。二つの分子の、どこどどこが結合し、なぜその結合は特異的か。それらが判明したとして、さて、どうやって原基は器官に発生するのか。

けっきょく、問題はなにか。もちろん、誘導物質の分子構造を決定した精度で、原基を構成している一連の細胞の、構造を決定する必要が生じたことが、問題なのである。

いま誘導物質の図を描くとしよう。これは私が調べたから、よくわかっているものとする。その図でいちばん細かいのは、水素原子である。これは、図の中では、Hという記号になっている。そのHという記号の大きさは、約3ミリである。水素原子の実際の大きさは、ほぼ1オングストロームであろう。それでは、この分子図の拡大率は、三千万倍である。

さて、器官原基の方を、この拡大率で描いてみよう。原基は、細胞が十個集まってできているとする。細胞一個の大きさは、約十ミクロンである。十個なら、百ミクロン、すなわち、十分の一ミリである。その三千万倍とは、三キロメートルである。

つまり、この分子図に見合う拡大率で、器官原基を考えるとすれば、そのときには、器官原基の方は、三キロの長さの物体として考えなければならない。

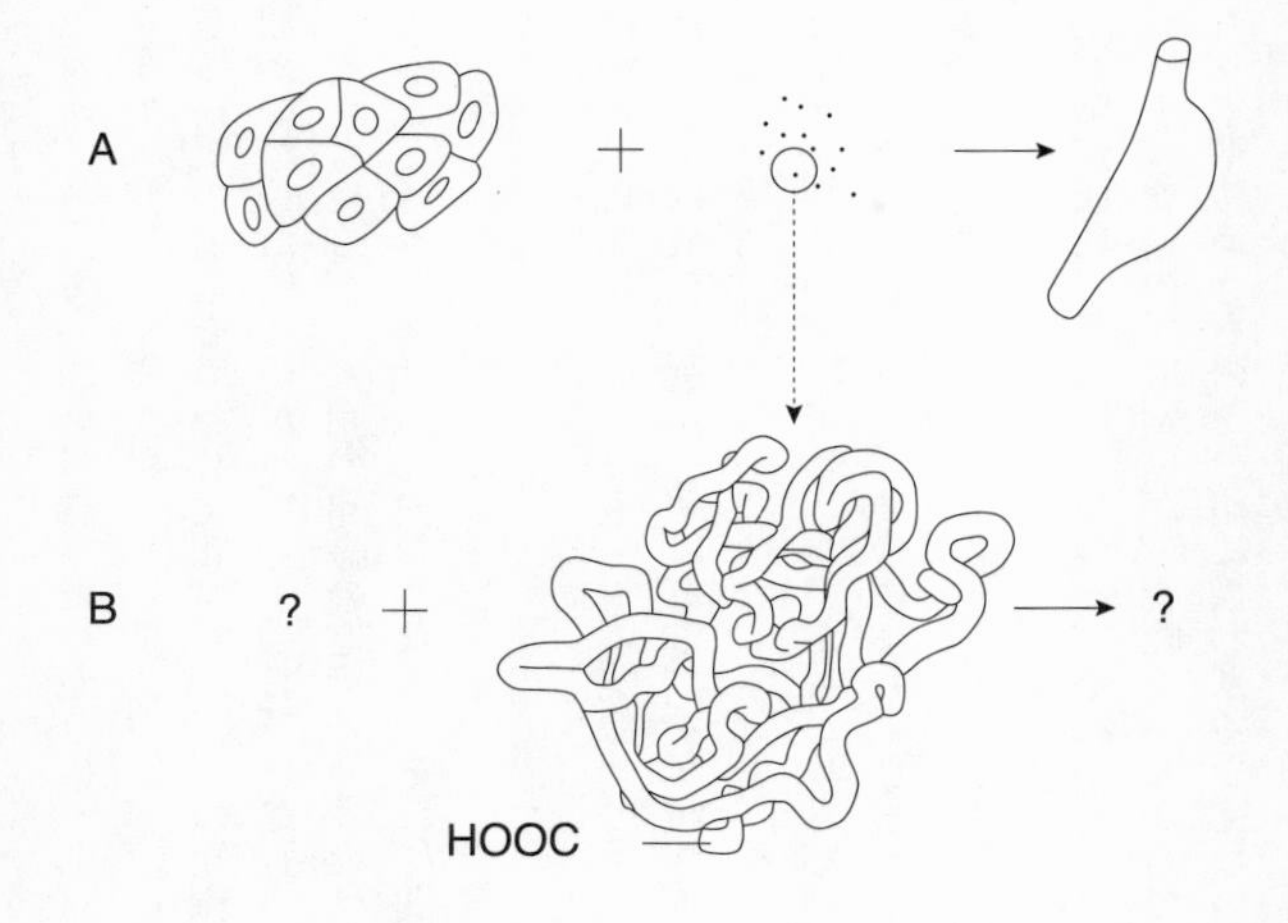

図7　大きさを考慮すると不思議なことになる
Aでは、細胞10個から成る器官原基に、まだ構造のわからない誘導物質がはたらき、ある器官を形成させる。構造がわからないから、誘導物質は点で示してある。Bも同じ図だが、ここでは、誘導物質の構造がはっきりしてきた。では、それにあわせて器官原基と器官を、どう描いたらいいのか。この図で、誘導物質側の水素原子Hを、たとえば3ミリの大きさとすると、器官原基は3キロメートルの大きさになってしまう。器官については、いわずもがなである。とにかく図には描ききれない。

誘導物質を、私がていねいに調べたばかりに、器官原基の方は、なにもしないのに、三キロの長さまで、伸びてしまった。

私は誘導物質の構造をくわしく知ったが、その知識は、器官原基の方にとっては――なにも手を加えなかったにもかかわらず――おびただしい「知識の欠陥」を、生ぜしめることになった。そう考えると、人間の知識の進歩というのは、不思議なものである。あることが精細に判明するということは、いやおうなく、それに関連した他のことがらが、その分だけわからなくなるということでもある。

右の例から、自然科学における「対応関係」の重要性が、ただちに理解される。右の例の問題点は、じつは最初に選んだ系にある。すなわち誘導物質は分子であったが、分子が作用する相手は、直接には器官原基ではなく、分子、ないしは少なくとも分子系でなくてはならない。分子と、細胞の集団では、水準がちがう。細胞は、分子よりも、高次の水準にある。それを一緒くたに並列すると、場合により、さまざまな矛盾や逆説を生じる。その一例は、すでに見たとおりである。

分子生物学が成功したのは、じつは、それが持っている論理性のためではない。扱っている系における、要素の対応関係が、明瞭だったからである。たとえ分子生物学の領域にある分野でも、水準の違うものを一緒に扱わざるをえない分野では、話は形態学と同じく、むずかしいはずである。問題は、「なになに学」にあるのではない。当面の問題を構成している要素が、すべて同水準か否か、である。

分子遺伝学は、きわめてよく成功した。その基礎になるのは、ＤＮＡ分子を構成する塩基の三つ組みと、一つのアミノ酸との、対応関係である。それのみを前提として、分子遺伝学は進んできた。

免疫学もまた同じである。抗原と抗体とは、一対一に、特異的に対応する。両者はともに、分子である。つまり、同じ水準にあるものとしてよい。それだけを基礎にして、免疫学は進歩してきた。さらに、分子遺伝学と免疫学とが結合しても、まったく矛盾は生じないはずである。そして、その結合関係は、いまでも進んでいる。右の考察から、それは、当然のことである。

形態学では、対応関係はどうなっているか。分子遺伝学や、免疫学のように、たった一つの対応関係などを基礎においても、解剖学は進められない。進めようもない。

たとえば、眼をとりあげてみよう。ヒトの眼とブタの眼は対応する。それはよろしい。では、ヒトの眼とタコの眼はどうか。タコの眼と、トンボの眼はどうか。アワビの眼と、タコの眼ならどうか。いったい、アワビには眼があるのか。あったとすれば、どんな眼か。たしかに、形態学でも、対応関係はあつかう。しかし、解剖学の対応関係は、対応関係自体が解剖学の主題になってしまい、とうていその前提などに、なれはしない。それだけでも、分子遺伝学や免疫学と、形態学の違いは、はっきりしている。

学問を、ただちに統一したがる人がある。しかし、生物学の中に、こうした違いがあることは、悪いことではない。そう私は思う。後に述べるように、多様性は、生物のもっとも基本的な性質の一つである。そうした対象をあつかう生物学の考え方が、多様であってすこしもかまわない。ただ、そのどれかが、他を征伐しようとするのは困る。

学問の分野によっては、すでに述べたように、単純な共通の前提から多くの事実を説明できる。だからといって、それがすべてを説明するわけではないし、そういうものだけが科学、というわけでもない。

では、それらの多様な「科学」を、統一するものは何か。心配しなくても、事実上、それらは統一されている。いずれも、現実には、ヒトが「理性的に」考えることに、ほかならないからである。別な表現をすれば、ヒトの脳の機能、あるいは精神のはたらき、にほかならない。

こうしたすべての学問は、大きくても、一・五キロほどの脳が果たす機能の中に、含まれてしまう。そう考えれば、解剖学そのものも、解剖学について考えることも、化学も、数学も、じつはヒトの脳の機能の実現であり、それはおそらく、なにかの形で、脳の構造との対応を示しているにちがいないのである。

第二章　形態学の方法

1　具体的な方法

形態学では物を見る。

もっとも基本的な方法は、肉眼で見ることである。これは簡単なようで、なかなかむずかしい。同じものを見ても、人によって、違うところを見ていることも多い。この点は、またどこかで議論するとしても、現在の解剖学で用いられる、「見る」ための方法と限界を、まず述べておく必要があろう。

われわれは、肉眼で見えないものは、顕微鏡で観察する。顕微鏡には光学顕微鏡と電子顕微鏡がある。ほかにエックス線顕微鏡もあるし、光学顕微鏡にも、蛍光顕微鏡、偏光顕微鏡、位相差顕微鏡、さらに微分干渉顕微鏡など、いろいろ変わった種類もある。しかし、基本的には、最初の二つの顕微鏡が重要である。

たとえば、肉眼では見にくい、小さな部分を、手で解剖するときにはどうするか。この場

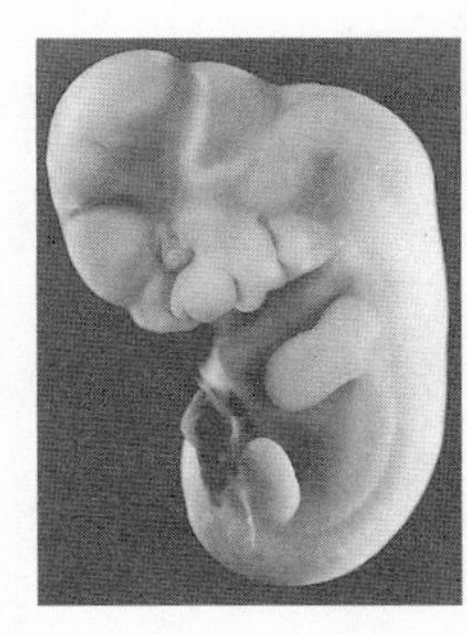

図8　実体顕微鏡で見たジャコウネズミの胎児
標本の実長は7ミリ。眼、四肢、鰓弓などがはっきりしている。この方法では、拡大はこれ以上さして上がらない。

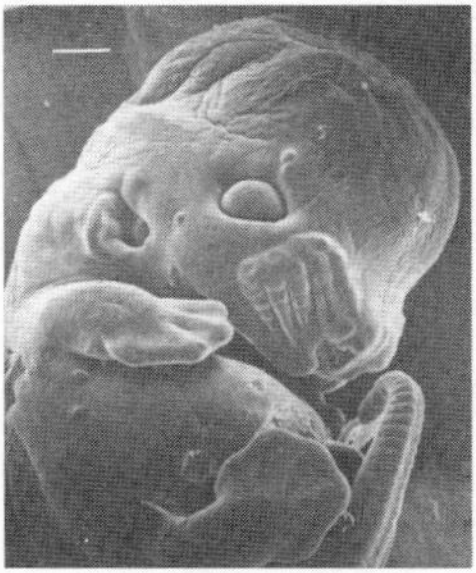

図9　走査型電子顕微鏡によるマウスの胎児
図8の時期より、マウスに換算して1日ていど発育が進んでいる。眼、耳、鼻、四肢がよくわかり、さらにヒゲや乳房の原基がみとめられる。この方法では、拡大率を1000倍以上にすることができる。横棒は1/2ミリを示す。

合には、実体顕微鏡を使う。これは、虫メガネの大きいものと思えばよい。この種の顕微鏡は、現在では、眼やこまかい血管の手術などにも使われている。

それでもまだ拡大がたりないときには、どうするのか。その場合には、走査型電子顕微鏡をつかう。これは、電子顕微鏡の一種だが、表面の観察ができる。物が立体的に見えるから、たとえば、胎児の観察などに便利で、よく使われる。ただし、これは電子顕微鏡の宿命として、試料は真空中に入れなくてはならず、これでは、目で見ながら解剖するというのは、なかなかむずかしい。

実体顕微鏡や走査型電子顕微鏡は、逆にいえば、物の表面しか見えない。内部の構造を見るためには、試料を適当に破壊して、内部が見えるようにするか、あるいはふつうの顕微鏡

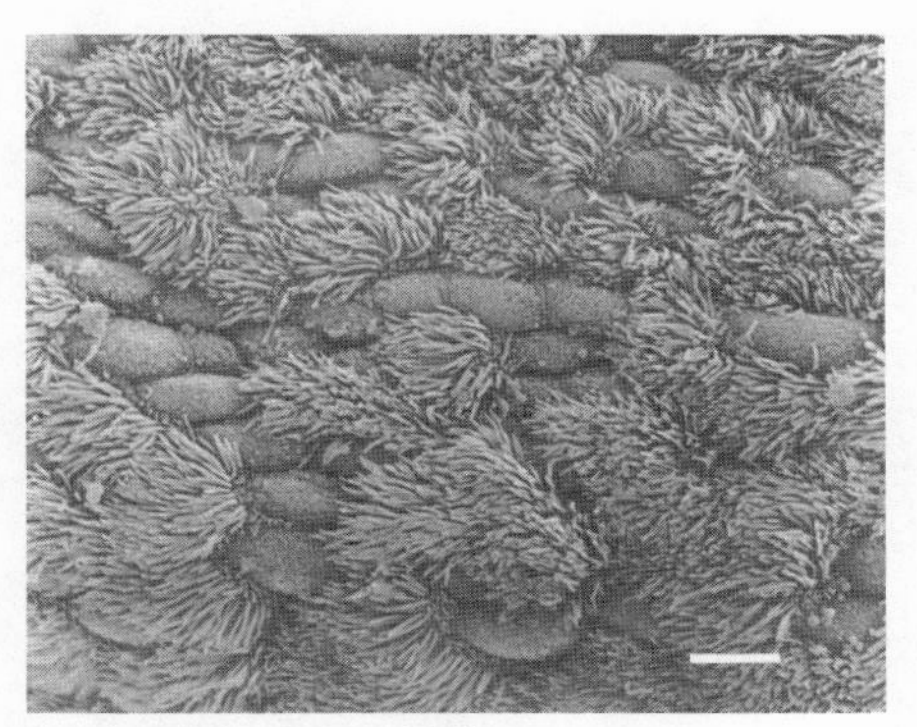

図10　走査型電子顕微鏡による細胞表面の像
マウスの気道上皮。繊毛の生えている細胞と、生えていない細胞が混在している。横棒は5/1000ミリを示す（広沢一成氏による）。

で見えるようにする。ふつうの顕微鏡は、透過光ないし透過電子線を利用するので、見る試料は、薄くなくてはならない。厚い試料では、光や電子線が通らず、なにを見ているのやら、わからない。そこで、薄い試料を作るために、さまざまな工夫をする。

薄くするためには、薄く切らなくてはならない。物を薄く切るためには、ある程度の硬さが必要である。やわらかいものを刃物で切ろうとすれば、すぐ潰れてしまう。そこで、試料を、ある程度の硬さをもった物の中に埋めこむ。これを包埋（ほうまい）という。

たとえば、電子顕微鏡用の切片は、厚さが一万分の一ミリ程度でなくてはならず、これだけ薄くするには、試料はきわめて硬いものである必要がある。したがって、このばあい好んで使われるのは、エポキシ樹

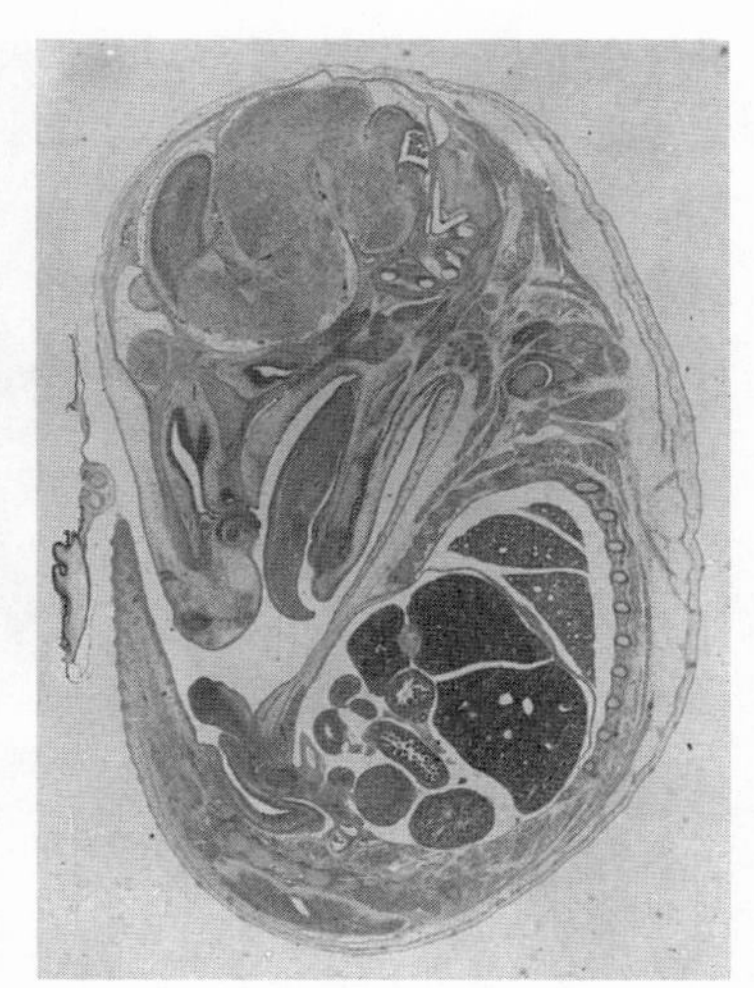

図11　胎児のパラフィン切片像
ジャコウネズミの胎児。切片を用いれば、内部構造をくわしく知ることができる。この切片の厚さは7/1000ミリ。

脂である。生物試料を固定脱水して、樹脂に埋めこんでしまい、それを薄く切る。こうしてできた試料は、あまりにも硬いため、切るためには、ダイアモンドのナイフを使うのが最良である。

ふつうの光学顕微鏡であれば、これほど薄くする必要はない。一ミリの百分の一くらいで十分である。この場合には、したがって、パラフィンのように、はるかにやわらかいものも使える。

こういう樹脂やパラフィンは、水溶性ではないから、水が大部分を占めている生物の体とは、なじまない。そこで、こうした材料になじませるために、試料から水を抜き、有機溶媒に置きかえなければならない。それが脱水である。ただし、こうした作業は、かなり強烈な影響を組織に与えるから、そのまえに、組織構造ができるだけ壊れないように、構造を保存するような操作を、あらかじめ加えておく必要がある。これを固定という。

固定はいわば、生卵をゆで卵に変える操作である。生卵の状態では操作がはなはだ困難だが、ゆで卵なら簡単なのは、日常経験する。しかも、ゆでたからといって、元来の黄身と白身の区別は、はっきりしこそすれ、なくなるわけではない。

実際、あるスペイン人の医者は心臓をゆで、心筋を指でほぐし、心筋の走り方について、立派な論文を書いた。ゆでるという固定法も、対象によっては十分使える。ただし、最近のデータでは、ブタ、ヤギュウ、ヒツジ、ヤギ、ニワトリの筋肉を、一〇〇度ないし一二一度で煮ると、断面積にして二〜三割の収縮がおこり、一二一度では、コラーゲンの縞模様も消えるという。なぜこういうことを調べたのかというと――私にもよくわからないところがあるが――料理すると、肉にはどんな組織学的変化がおこるか、知りたかったとのことである。

ふつう固定のためには、化学薬品をつかう。一般に知られているのは、ホルマリンである。「ホルマリンづけ」というのは、固定操作をほどこされた試料のことである。ホルマリンは、いちばん化学構造の簡単な固定剤で、ホルムアルデヒドの約40%の水溶液である。ホルマリン固定には、これを水で十分の一にうすめて使う。ほかにもさまざまな酸化剤、還元剤が固定液に用いられている。

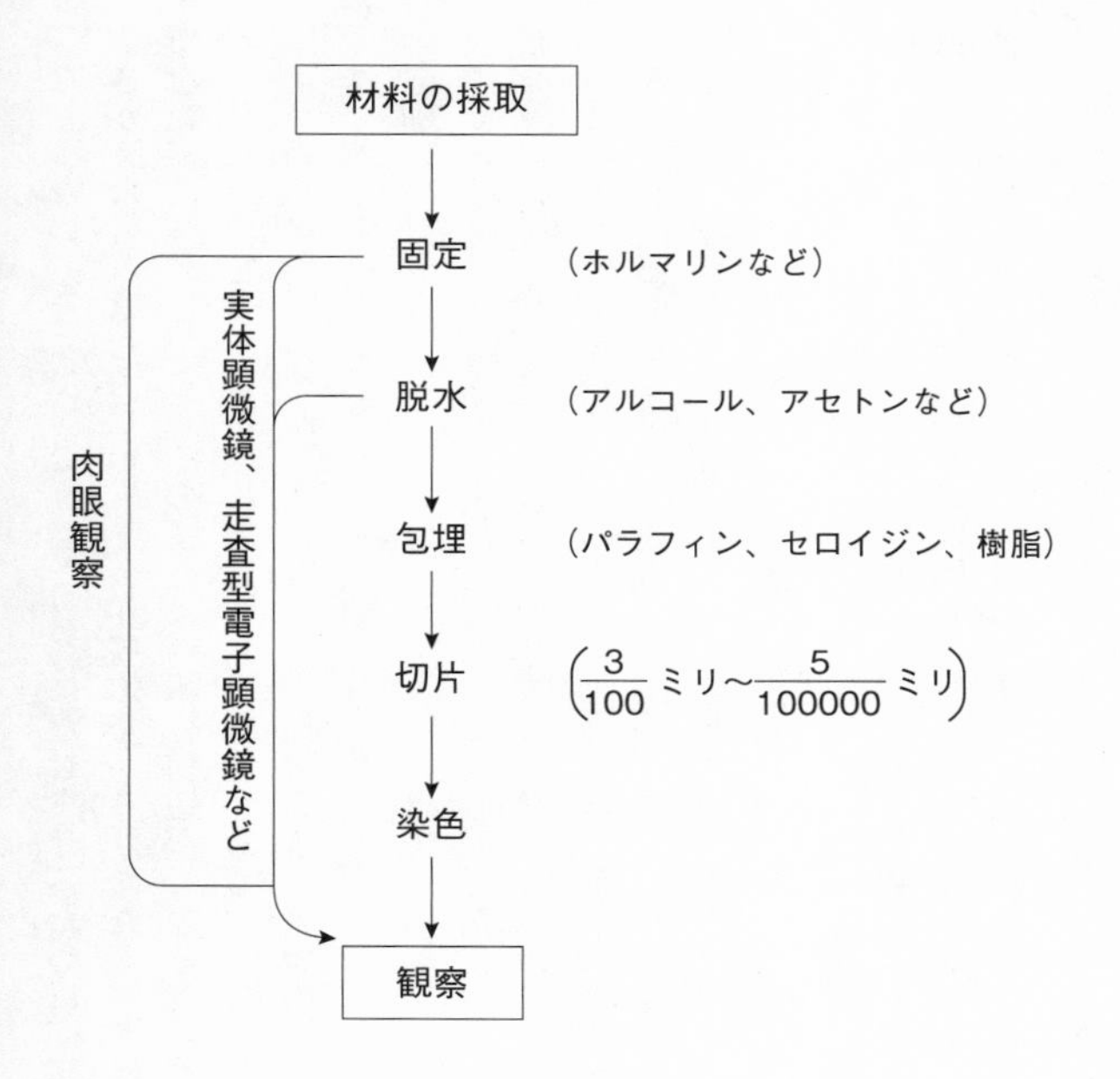

図12　顕微鏡標本を作るための一般的な手順
本文では、できあがった標本からはじめて、記述を実際の手順とは、時間的に「逆に」説明してある。ここでは、時間的に「順行して」示す。

もちろん、固定された材料は死んでしまう。だから悪口をいう人は、解剖学の材料は、スルメか干物みたいなものだという。そこには生の徴候はない、と主張する。しかし、固定された材料でも、多くの酵素反応は残されているし、抗原性も残る。したがって、そうした干物からも、いろいろなことがわかる。要は頭の使いようである。

顕微鏡という道具をつかって、見える範囲はどのくらいであろうか。光学顕微鏡なら、がんばっても千倍が限度である。すなわち、一ミクロンのものが、最小の点として見える。電子顕微鏡では、いまの解像力と試料の作り方から、できあがりの写真にしたら十万倍が、ふつう実用の限度といえよう。この倍率以上の写真を作ることは、むろんできるが、あまり意味がない。

もし十万倍の倍率で、人間を見たとすると、どのくらいの大きさになるだろうか。一メートル六十センチの人が百六十キロメートルになる。これだけの大きさのものを、ていねいに観察したら、一生かかってもたりないことは、容易に想像できよう。

もちろん、こうした極微の世界になると、同じもののくり返しが多くなる。それにしても、人間一人が、現在の形態学で占める大きさというのは、相当のものである。形態学の一つの方向は、たえずこうした極小の構造解析へと向かう。行きつく先は分子であり、楽天家にとっては、そこでは、化学と形態学が一致するはずである。

もう一つの方向は、あいかわらず、肉眼で観察することである。しかし、顕微鏡を使おうが使うまいが、結果を最終的に、肉眼で観察することには、ちがいがない。観察されたものは、言葉および画像（すなわち図ないし写真）によって表現されることになる。

2　画像と言葉

形態学での表現の方法は、言葉と画像である。写真のない時代には、画がきわめて大切だった。このことをよく示しているのは、レオナルド・ダ・ヴィンチである。

人体の解剖は、レオナルド以前にも、北イタリアでは、かなり行われていた。しかし、その記録は不十分である。十分な記録ができなかった一つの理由は、図にある。図が描けなくては、構造の観察を、記録に残せない。見えるように描く。そう言うのは簡単だが、そのためには、それに適した絵画の技法の確立が、先決問題だった。写真はもちろんなかったからである。

さらにそのためには、奇跡を中心とした、キリスト教の世界を絵画にあらわすのではなく、人間の住む、このあたりまえの世界の、絵画による表現の確立が必要だった。その問題が解決に向かったのは、レオナルドの時代からである。もっとも私などは、いまだに「見えるように」は描けない。レオナルド以前にとどまっている。

レオナルドは、数百枚の解剖図を描いた。本人は、解剖図を出版するつもりだったが、この人の癖で、仕事は未完成のままになった。

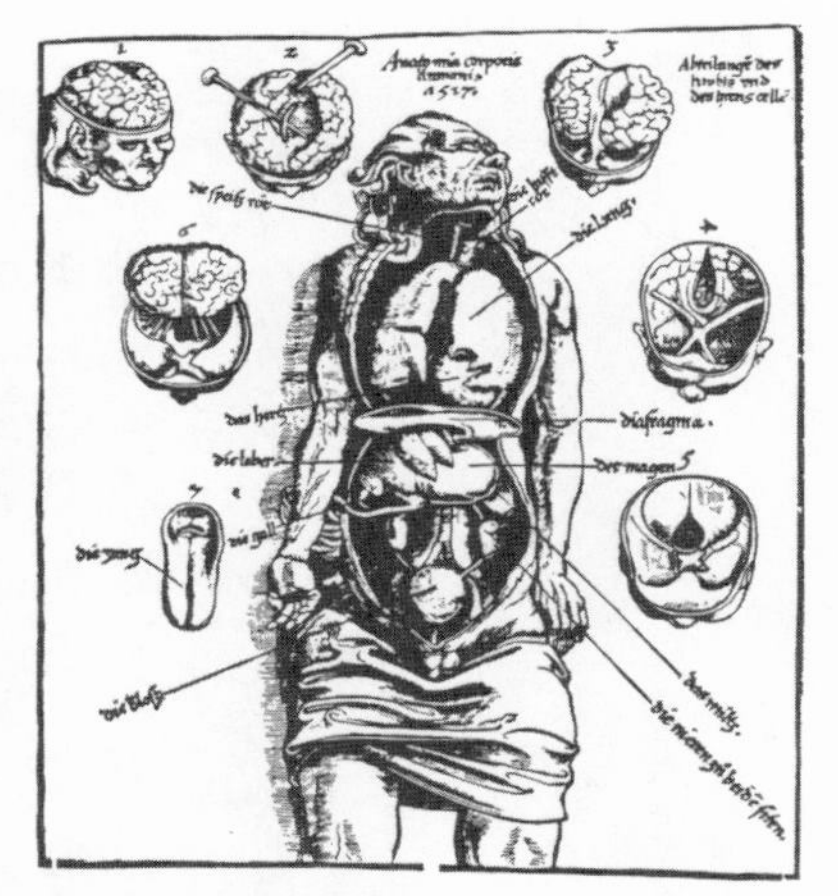

▲図13　古典的な解剖図
これはオランダの医師Laurentius Phryesenによるもので、1517年に印刷された。レオナルドと時代的には等しい。名称はドイツ語で書きこんである。注目すべきなのは肝で、5葉が描かれており、実際とはかなり異なる。こう描けば肝臓である、という約束事があったと思われる。

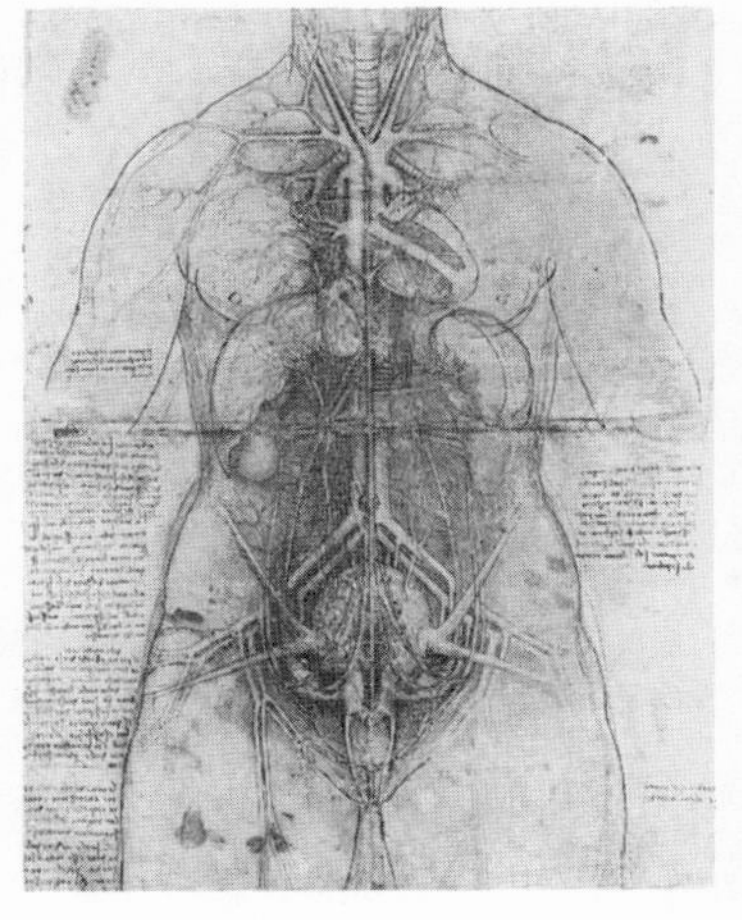

図14　レオナルドの解剖図　▶
これは女性の主要な器官と動脈系を示す。この図には、いくつかの古典的な誤解が含まれている。たとえば心臓の構造。しかし図の技法は、中世の解剖図とはきわめて異なっている。

レオナルドの解剖図は、弟子のメルツィに譲られたが、その後、一時行方不明になったらしい。十八世紀末、ジョージ三世の時代に、それがケンシントン・パレスの古いトランクの中から、ホルバインの肖像画の束と一緒にでてきた。それまで百二十年、トランクには手がつけられていなかった。これを、ウィンザー・コレクションという。

レオナルドは、

「盲人に語るのでなければ言葉で伝えようとはするな、ことばは自明で本質的なことを語るのみにせよ」

と忠告する。

さらに、

「文筆家よ、ここの画像が示すほどに完全な姿を、ことばで言い表すことができるというのか」

とノートに書きつける。

こうした表現は、レオナルドが信じていた、ことばに対する画像の優越を示す。フランスの医史学者ウアールは、レオナルドが、通常イタリア語のトスカナ方言のみを用い、言語に得手でなかったことが、かれが解剖書を完成できなかった理由だという。そして、ヴェサリウスが、ラテン語を含め、何ヵ国語かをよくしたこととと比較する。レオナルドの言語能力は、かれが徹底的な左利きだったことに関係している、と現代の医学者なら考えるかもしれない。

だから、レオナルドの描く図には、ことばと同様の内容を含むことがある。レオナルドが現実とちがった図を描いた時、それは、ときに従来の学説を図示したものであり、ときにかれ一流の考え方の表現であった。

現在われわれは、図は現実を写したもの、という「たてまえ」をとることが多い。しかし、中世の絵では、そうした「たてまえ」は、まったく異なる約束事で置きかえられている。たとえば、レオナルドより二百年前の解剖学者、モンディーノ・デ・ルッツィの解剖書の口絵には、椅子にすわるモンディーノ、解剖体および解剖人が、野外の風景の中に描かれている。この椅子は、まさしくわれわれのよく知っている、「講座」以外のなにものでもない。

図15　モンディーノの解剖書の口絵
モンディーノの解剖書には、いくつかの版があるが、この絵はレオナルド以前の絵の特徴をよく示す（本文）。

レオナルドの時代から、絵画には視点が生じ、その結果、遠近法が成立する。画家は、絵のあらわす空間に定位するようになる。それ以前の絵では、画家は、いったいどこから物を見ているのか、わからない。さまざまな技法は、やがてヴェサリウスの『人体構造論』へと結集する。この書物は、近代解剖学の基礎をおいたとされ、以後の解剖学の進路を定めた。この本は、かなり売れたらしい。この本の図があれば、実際に解剖しなくても、たいていのことはわかる。そう当時の医者は考えたかもしれない。

弟子のメルツィが、レオナルドの作品を、あまりにも大事にしまいこんだこと、右に述べたレオナルドの解剖図の発見の事情などから、レオナルドの解剖図が、解剖学書に直接影響

図16　ヴェサリウス『人体構造論』の図
この本は1543年、種子島に鉄砲が伝来した年に出版された。

をあたえたのは、十九世紀に入ってからとされる。

かれの鏡文字、さらにトスカナ方言も、業績の解読と評価を遅らす原因となった。レオナルドは、局所解剖学的な関係をはっきり示すため、体の連続的な断面を描こうとしていた（いまでは、こうした人体の断面が、プラスチックに包埋した実物標本として、実際に売られている）。また、脳室の形を知るため、ワックスを流しこみ、鋳型をとる実験を行っている。脳室の形は、レオナルドにとっても、解剖だけではっきりさせられぬほど、ややこしいものだったのかもしれない。もっとも、中世には、脳室は精神の座だと考えられていた。

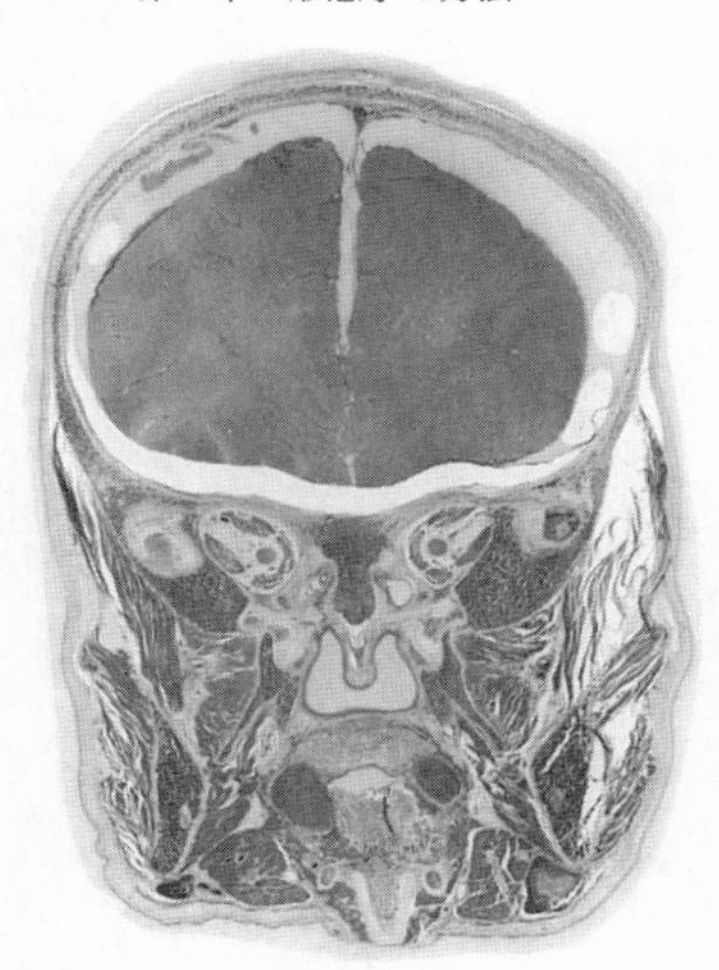

図17　子供の頭部の切片
セロイジンに包埋すると、かなり大きな材料を切片にすることができる。これは2歳の子供の頭を前額断とした切片。上方は脳、中央には鼻腔、その上両側に眼窩がみとめられる。

かれの紙葉には、解剖図と並んで、鉄砲玉やビルディングの設計図が描いてあり、かれが、どの対象も、同じような技法で描こうとしていたことは明らかである。

ちなみに、レオナルドの時代には、まだ固定法はない。固定は、蛋白の変性を起こさせ、構造を保存するが、同時に防腐効果がある。したがって、レオナルドのころは、死体が腐らないうちに、解剖を済ませる必要があった。ミケランジェロは、ひどい臭いのため、とうてい解剖を続ける気にならなかったという。当時の画家にとって、解剖は必修に近いものだった。

レオナルド以降には、レオナルドほど画像にこだわった人はいない。それと同時に解剖学は、ふたたび言語の支配が目立つようになる。しかし、解剖学者の実像を知っている人は、現代の解剖学では、たとえ一つの写真であっても、美しくなければ評価されない、ということも知っている。ただ、それは、人々が「科学」ということばから連想するような、「客観性」にかならずしも適合しないと思われるので、あまり公的に言われることはない。

3　形態学と言語

レオナルドが指摘したように、目で見た結果を、ことばに翻訳するのは、かなり難儀な作業である。逆もまた真なのは、解剖学の本をまじめに読んだ人は、とうに御存知だと思う。しかし、形態学では、視覚的な事実を、ことばの世界に断固移しかえようとする。それが

「記載」である。最良の記載は、ことばを読むことによって、現実が「目に見える」はずのものである。もし、徹底的にすぐれた記載を意図する人があれば、その人は、自分の記載から、可能なかぎり画像を追放しようとするであろう。余計なものだからである。

視覚的な人体の世界を、ことばの世界にうつすという意図から発生してきたのが、解剖学用語である。生物学の領域で、ラテン語による国際用語をもっているのは、リンネ以来の伝統ある分類学と、解剖学だけであろう。両者とも、広義の形態学である。

国際用語をそのまま使ってもいいが、各国はたいてい、この用語を自国語に翻訳して使っている。現在用いられている国際解剖学用語は、一九世紀末に、ドイツの解剖学者ウィルヘルム・ヒスの主唱で、まとめられた。各国で勝手に用語をつくると、最後には、ほんとうに

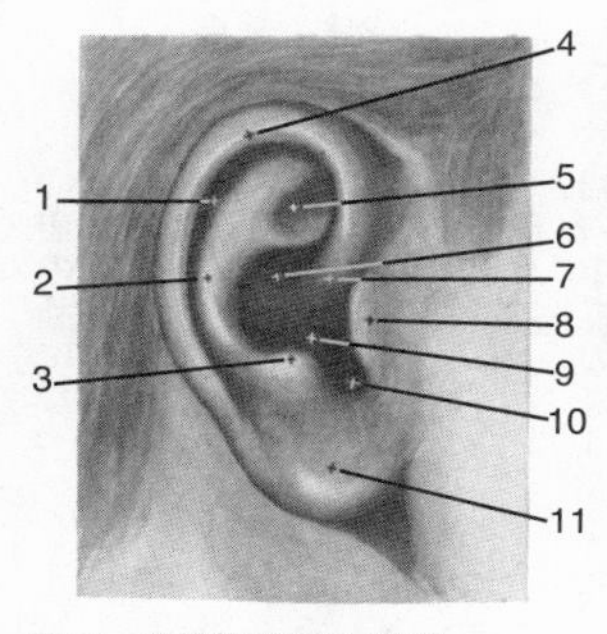

図18　解剖学用語の具体例
ヒトの外耳には、どんな用語が定められているだろうか。

1. 舟状窩 scapha
2. 対輪 antihelix
3. 対珠 antitragus
4. 耳輪 helix
5. 三角窩 fossa triangularis
6. 耳甲介舟 cymba conchae
7. 耳輪脚 crus helicis
8. 耳珠 tragus
9. 耳甲介 concha auriculae
   耳甲介腔 cavum conchae
10. 珠間切痕 incisura intertragica
11. 耳垂 lobulus auriculae

以上、図に示したほかに、前切痕、後耳介溝があり、ヒトによって出現するものとして、耳介結節（ダーウィンの結節）、耳介尖、珠上結節という名称が認められている。もちろんこれらのラテン語名もあるが、略す。

バベルの塔の話になってしまいそうだったからである。以後、五年ごとの国際学会で改訂する。たとえば解剖学用語では、胃は ventriculus、肝臓は hepar であるが、胃は英独それぞれ stomach ／ Magen、肝臓は liver ／ Leber である。解剖学用語とは、まったく違う単語になっている。

化学には化学の、数学には数学の用語があるが、その多くは記号である。どちらも視覚的な世界ではないから、物という現実の世界と対応させるための用語は、比較的には、不要である。人間の頭の中の作業を示すには、記号がより便利であり、視覚的な世界を示すには、言語が便利だということは、あるていど、言語の本質を表しているのであろう。脳でいえば、言語の中枢のほうが、記号の中枢（もしそんなものがあるとすれば）よりも、より感覚器よりに存在するのかもしれない。

伝達に関して、ことばより画像が有利なことが多いのは、テレビのあるいまでは、レオナルドに相談するまでもない。しかし、形態学は、なんのために総計一万二千語におよぶ解剖学用語をつくり出し、保存してきたのか。なぜ、標本という現物、つまり実物で間に合わせなかったのか。それは、視覚的な世界と、ことばの世界の緊密な関係を抜きにしては、考えられない。それによっておそらく、人体は、はじめて客観的論議の対象となりえた。

ことばの世界を、視覚的な物体の世界と対応させるために、解剖学用語がある、ということは、ことばの機能の大切な一面を示す。われわれが、あるいは忘れがちな言語の機能の一つが、ここにある。

たとえば、国語改革論者は、「言語は伝達の手段である」と規定するのが常だった。国語改革に対しては保守派であるはずの、丸谷才一氏ですら、終戦の詔勅について、

「あのときの彼は、ことばの機能は伝達だということを知らない一社会の代表であるにすぎなかったのである」

と言う。

「名不正則言不順（名正しからざればすなわち言したがわず）」

ことばは、物という現実の世界に対応し、逆にそれを規定する面をはじめから持つ。解剖学用語は、物という現実以外の対応物を、ほとんど持たない。そうしたことばを、ヴェサリウスに至るまでの人たちは、営々として創りだし、ヴェサリウスが、はじめてそれをまとめあげた。

くり返すが、日本語でいちばん忘れられているのは、伝達のみではなく、現実を表象し、その代替物として利用できる、という言語の機能であろう。西欧語には、解剖学用語のように、言語と現実のあいだに、抜き差しならぬ関係がある。それでは言い過ぎだというなら、ことばと現実のあいだの関節が固い。そんな気がする。

言語と現実のあいだに堅い紐帯（ちゅうたい）があれば、証言は重要である。証言の立証、反証が可能だからである。日本語はむしろ、使用者、つまりわれわれの感情世界との結びつきがより強

く、したがって「語るに落ちる」。

証人が、その事態について、感情の上で同意か不同意かを、日本語はみごとに表現してしまう。そうしないためには、日本語ならざる日本語、つまり官庁式答弁をするほかはない。他方、現実のその事態がどんなものかについては、ややいい加減で済む。だから、われわれは伝統的に自白を重視する。これは言語の特性だから、しかたがない。日本語は、使用者の心理状態と、ことばとの間の関節が固いのである。

芥川龍之介の『藪の中』は、この間の事情をよくあらわす、と私は思う。西洋人なら、この小説が終わったところで名探偵が現れ、真の事態がどうであったかを、証言の矛盾と、物証とをもとに、追及するであろう。つまり、こちらの話が終わったところから、あちらの話が始まる。われわれは、その意味では、証言がいかにあてにならぬかを知っているから、はなからこういうムダなことは考えない。

こうした日本語を用いて、自然科学を表現しようというのは、本来かなりの難事である。自然科学のための日本語は、まだ完成していない。そう私は考える。おそらく、そうした日本語の完成が、ある意味での、わが国の科学の自立と完成とを導くであろう。

私はべつに悲観しているわけではない。しかしほとんどの科学者が、すぐれた仕事であればあるほど、外国語で発表する、という現代の風潮からは、そうした日本語の完成を楽観することもまた、できない。

4　方法の限界――馬鹿の壁

第一章では、自然科学とはなにかを、自然科学を中から見て考えた。ことばや画像のような「方法」は、もちろん情報の伝達可能性にも関係している。そこで、自然科学を、この面から考えてみよう。自然科学の分野がこれだけ広がり、日常的になってくると、科学内部の方法の問題だけではなく、対社会、すなわち情報の伝達可能性が問題になる。早い話が、ほとんどの人が理解しない科学は、やがて滅びるはずだからである。

自然科学を、情報の伝達という面からみれば、自然科学とは、ある特定の限定された情報群のみをあつかう作業であり、その限定条件とは、その情報が現実に対応して「検証」され(後述)、それらの情報の伝達に、本来、多義性が存在しないというものである。解釈のしようによって、どうとでも考えられる、という法律のようなものでは困る。自然科学のいわゆる客観性、つまり、いつどこでも同じ結論に達する、という性質は、一種の「強制伝達可能性」である。あるいは、自然科学とは、無限に多様な現実から、そうした部分のみを、情報として切り出してくる作業である。

情報の伝達という面から、自然科学で起こる最大の問題は、じつは情報の受け手が、馬鹿だったらどうするか、というものである。相手が馬鹿だと、本来伝達可能であるはずの情報が、伝達不能になる。これを、とりあえず「馬鹿の壁」と表現しよう。

たとえば、そうした相手が、科学の結論を信じこんだとき、科学が宗教と同じ機能をはたす、という現象を生じる。だから、科学と宗教は、ときどき仲が悪い。

結論が導かれる過程を理解せず、一方その結論のみを信ずるという意味で、宗教の結論も、科学の結論も、御託宣にほかならない。科学と宗教は、中身がちがう、と説いてもムダである。ほとんどの人間は、科学者でも宗教家でもない。またそのどちらか一方であれば、他方ではないのが普通である。だから、両者の中身の区別などは、当事者、つまり科学者と宗教家にとってすら、ふつうほとんど、無関係かつ無意味である。

相手がほんとうに馬鹿なら、科学の結論をみちびく過程、およびその結論が伝達不能だということは、歴然としている。

明治三十七年、丘浅次郎は『進化論講話』の中で、つぎのように述べる。


人間には筋肉の発達に種々の相違がある通りに、知力の発達にも数等の階段があって、万人決して一様でない。角力取りが軽そうに差し上げる石を、われわれが容易に持ち得ぬ如く、またわれわれの用いる鉄亜鈴を幼児がなかなか動かし得ぬ如く、物の理屈を解する力もその通りで、各人皆その有する知力相応な事柄でなければ了解することはできぬ。それゆえ、理学上の学説の如きはいかに真理であっても、中以下の知力を備えた人間にはとうてい力に適せぬゆえ、説いても無益である。

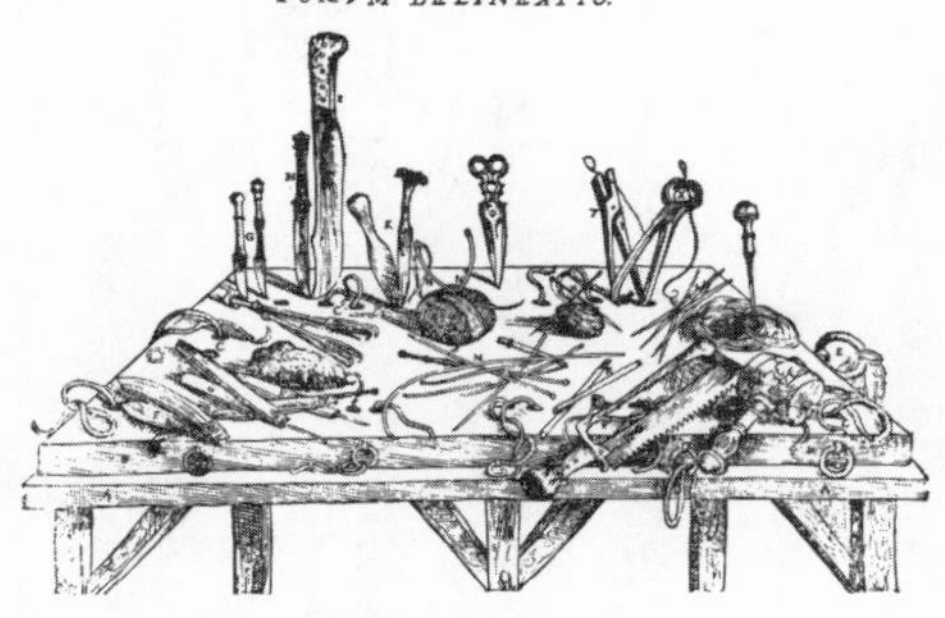

図19　ヴェサリウスの解剖用具
『人体構造論』に載せられた図。16世紀には、解剖学の手段はこれらの道具と、肉眼による観察だった。

情報の伝達という面からいえば、文学は完全な伝達可能性など、問題にしない。いわゆる「客観性」は、要らないからである。私は文学者ではないから、以下の言明に責任をもつ気はないが、伝達可能性のみを、文学に対して要求すれば、ロクな文学はできないはずである。だから、大衆文学ということばがあったのだと思う。「文学がわからない」という台辞は、伝達可能性における受け手の問題、つまり自然科学ではふつう隠されている「馬鹿の壁」が、文学ではタブーではなく、前提としてはじめから許されていることを示す。

このあたりに、ごく一般的な、文科と理科のもめごとの種が、ありそうな気がする。理科では、情報は、いわば強制的な伝達が可能である。そして、そうである以上、相手の頭の中に、その受容系が存在することは、前提になっている。もちろん、具体的には、それがないとしか思えない場合も、多いのであるが。

強制的ということばは、文科的には、「相手の意図に反して」強要するという意味を含むが、ここでいう「強制」には、本人が知りたがるとか、知りたがらぬとかいう、意図やら動機やらは、もちろん一切含まない。自然科学では、前提を認めてしまえば、あとの結論は、いわば自動的、必然的に進行する脳内過程であって、その意味でなんらかの「強制力」をもつ。これはおそらく、「文学的自由」には、反する現象であろう。だから、たぶん文学者は、科学を嫌う。もちろん、科学者はそうした不自由を、自己の専門を選ぶ、つまり裏からいえば、気に入らない分野は勉強しない、という自由によってあがなう。

自然科学に関して、もっともよく知られた規定は、カール・ポパーの「反証可能性」であろう。

ポパーは、ある科学的叙述が、現実に反証できるか否か、を問う。科学的な叙述では、それが、どれだけ多くの事例にあてはまるか、が問題なのではない。それから予測できる結果があって、それが現実に反証できるかどうか。それが問題である。それは同時に、叙述の検証にもなっている。私は、ポパーの言明自身が、反証可能であるかどうかを、考えたことがあるが、頭が痛くなった。

さらに、良い科学的理論は、禁止を含む。より多く禁止するほど、それは良い理論である。つまり、それは、起こりえないことを、予測するのである。

ポパーは、フロイトの弟子である、アドラーに師事した。しかしポパー自身によれば、かれに感銘を与えたのは、アインシュタインのほうが、どう考えても、科学らしい。そうポパーは考えた。その理論は、実験的に検証されたではないか。

フロイトやアドラーの学説は、あらゆることを説明しすぎる。あまりにも多くのことを説明する原理は、自然科学としては、うさんくさい。ポパーはそう感じた。

若いポパーが、アドラーに、自分が報告したある症例に対する、アドラーの解釈の妥当性について、その根拠を尋ねたとき、アドラーは、

「それは千例にも及ぶ私の経験からだ」

と答えた。

「では先生の御経験は、これで千一例目というわけですね」

とつい言わざるをえなかった、とポパーは述懐する。フロイトの説にしても、アドラーの説にしても、あてはめようと思えば、どの症例にもあてはまる。それは、かならずしも、その説の確実さを、増すものではない。反証可能性は、いわば賭(かけ)のようなものである。賭に多く勝つ理論ほど、より「自然科学的」である。しかし、いつでもかならず勝つ賭は、賭にならない。

ポパーの定義は、はっきりしたものである。かれは、自分の考えが、いわば「線引き」だということを、強調する。科学とそうでないものの間に、線を引く。それは、べつに価値観

図20　ヒトの筋肉系
スペインの医師Juan Valverde di Hamuscoの解剖書（1556年）から。手には剝ぎ取った皮膚とメスを持つ。筋系がヒトの体の主要部を占めることがよくわかる。

と直接の関連はない。科学だからいいとか、そうでないから悪い、とかいうわけではない。

人間は、アウトプット、つまり情報の送り出しに関して、ほぼ完全に骨格筋に頼っている。これは、注目すべき貧弱さである。インプット、すなわち情報の流入、あるいは感覚系は、その意味では複数あり、目や耳や鼻のように、光、空気の振動、化学物質など、まったく異なるものさしを用いて、世界を知覚し分けている。ところが、おかしなことに、アウトプットを担うのは、なぜか骨格筋のみである。ホタルなら「光る」という芸当が可能だが、ヒトはダメである。あとは「汗をかく」くらいしかないが、これは、随意にはできない。

筋萎縮性側索硬化症（ALS）の末期には、あらゆる骨格筋のマヒ、すなわち一切の運動能力の喪失がおこる。この状態の患者に、意思の伝達の可能性はあるか。いまのところはほぼ無い。脳波を使ったらどうですか、という質問があるが、これは、まだ完全ではない。

それでは、この患者に意識はあるか。あるだろうと考えられる。病理解剖の結果では、ふつう神経系のうち、運動系の一部しか侵されていないからである。しかし、確証はない。なぜなら、患者には、意思の表現が不可能だからである。

それでは、この状態でどのくらい生きるか。十分な看護があれば、表現をまったく消失してから、数年生きのびた例がある。このような人の意識がどのようなものであるか、私はあまり考えたくない。

これは、特殊な例であるが、きわめて論理的な例である。伝達可能性というのは、こういう患者さんの場合には、まさに究極の問題である。ふだんわれわれは、伝達可能性について、受容系のことしか考えない。しかし、こうした例から、運動系の関与の重要性を了解する。

科学における情報伝達可能性は、これからの問題である。すでに、専門家どうしの間でも、話が通じなくなって、困っている。右に述べたことは、それを考えるための、糸口にすぎない。

第三章　形態とは何か

1　構造の定義

形態とは何か。

形といえば、ふつうは外見のことである。これなら誰でも知っている。しかし、形の中には、大きさ、位置、角度、対称性、連続性など、さまざまな視覚的な属性が含まれる。その上に、色や模様、つまりいわゆるパタン、まで加えることが多い。これをいちいち理屈を通して分析し、並べたら、面倒なことになる。

さらに、解剖学が扱うのは外見だけではない。「構造」である。構造の定義は、なかなかむずかしい。外見の場合とちがって、構造はつねに複数要素の存在を前提とする。いくつかの要素が、組み合わさって構造をつくる、といってもよい。

そんなうまい話はない、ということはわかっているが、構造を、なんとか一言で定義できないだろうか。これをすこし具体的に考えてみよう。

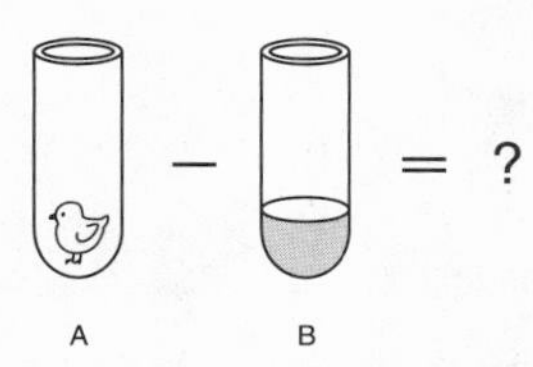

図21　ポール・ワイスの思考実験
A）ヒヨコを試験管内に入れ、B）完全にすりつぶす。
AからBを差し引くと、なにが残るか。構造か。

生物学者ポール・ワイスは、図21に示すような実験をした。実験材料はニワトリの胎児である。とくにニワトリを選ぶ必然性はないが、とりあえず材料がなくては、実験にならない。ニワトリの胎児を管瓶に入れ、ホモジェナイザーですり潰す。完全にすり潰せば、ニワトリがバラバラになった溶液を得る。さて、この液では、もとのニワトリがもっていた物質で、なにか失われたものがあるだろうか。

ここでは、失われた物質はなにもない。しかし、Aの状態からBの状態を引けば、何か無くなったことは確かである。ワイスはここで失われたものを、有機的編制（バイオロジカル・オーガニゼイション）、と定義した。

ワイスのいう有機的編制を、いま仮に構造だ、と考えてみよう。この思考実験で、ニワトリを構成分子の段階まで、バラバラにしたとする。そうすれば、いままでニワトリを構成していたすべての分子が、ニワトリが含んでいた水の中に溶けた、水溶液が得られる。

ここでは、無くなったものはまさしく構造だ、といってよいようにも思える。神の手を含め、ともかく何かの方法で、個々の分子をもとの順序に組み立て直すことができたとすれば、いっさい原料を加えることなく、最初のニワトリ胎児が、再度できあがるはずだからである。

ここでは、構造の重要な性質がはっきり示されている。それは、分子の空間配置を主とした、各構成分子間のさまざまな「関係」が、構造の基本になっている、という点である。そうした関係を、ランダムなものに変えれば、構造は消失する。

この「実験」は、構造をある面から定義すると思われるが、じつは、もう一つ、きわめて大切なことを指示している。つまり、すり潰された状態では、構造のみならず、あらゆる「機能」が消失している、ということである。

このようにすり潰されたニワトリ、あるいはニワトリの残骸では、それこそ呼吸も循環も生殖も、機能という機能は、なにひとつない。

構造と機能とが、現実という盾の両面であるかもしれぬことを、この実験は如実に示す。

それでは、構造だけを保存し、機能だけをなくす実験は、可能か。

これもできないことはない。生体を瞬間的に、絶対零度に近い状態で凍らせればよい。

そこでは、各構成要素間の空間的な位置関係は、おそらく保存されている。しかし機能はない。あるいは、機能のある瞬間が、無限に延長された状態が生じた、といってもよい。理想的に凍結し、理想的に解凍できれば、ふたたび機能は進行を始めるはずである。

このような実験は、単なる思考実験ではなく、いまでは急速凍結固定法として、現実の実験になっている。この種の実験では、試料を、液体ヘリウムで冷却した純銅のブロックに接触させる。試料は、ミリ秒単位で凍ってしまう。そのため、氷の結晶の成長も最小限におさえられ、良質の電子顕微鏡像が得られる。

もちろん、理想的に凍る部分は、事実上、ほんのわずかである。表面から、約十ミクロンまでとされる。残りの組織のほとんどに、電子顕微鏡で見える大きさの、氷が生じてしまう。生じた氷は、周囲の構造をゆがめ、壊す。

理想的な凍結という実験は、さらに、機能は時間という要素を含むが、形態ないし構造は、かならずしも時間的要素を含まない、ということを示す。凍結すること、すべての動きを止めることは、すなわち時間を停めることでもあるからである。

機能と形態の関係について、もう一つ基本的な問題が残る。それは、機能が、かならず形態変化をもたらすか否か、である。この問題については、生物学者のあいだでも、意見が分かれる。

この点については、この後の項も参照していただきたい。それは、形態をどう考えるか、にもかかわるからである。しかし、私は、機能と形態変化とは、右の議論からもわかるように、分かちがたく結合する、と考える。形態は、動いている要素を、停止して見る。もし完全な停止が可能であれば、機能がかならず形態変化を起こしていることを、確認できるはずである。

もし、そうでないと考える人があれば、その人は、たとえば、電線に電流が流れる、といったイメージを持っているのかもしれない。その場合には、電線には、まったく変化がないではないか。

神経の軸索を考えよう。伝導の際には、イオンの出入りがある。そのためには、イオン・チャンネルが開いたり、閉じたりしなければならない。すなわち、形の変化が生じる。電線の場合でも、じつは、電線の両端を考慮すれば、かならず変化が生じているはずである。一方では起電力があり、他端では、電流が消費されている。

すくなくとも、現在の生物学であつかわれる現象の程度では、機能と形態変化は、つねにあい伴う、と考えて大過ないはずである。約言すれば、形態学者にとって、機能とは、形態を形成する要素間の、空間的位置を代表とする、さまざまな「関係の変化」である。

2　ホロン

ワイスはイライラしたせいか、ニワトリを完全にすり潰してしまったが、もう少しおだやかに考える人もある。文学者であり、生物学に強い興味を持っていたアーサー・ケストラーは、生物はホロンと呼ばれる単位によって構成される、と考えた。

ホロンは器官や組織、細胞や細胞内小器官、さらには分子、原子、それ以下の粒子であり、だんだんと下に下がる（逆に見れば上に上がる）階層に従って配列されている。この階層は、ヒエラルキーといってもいいし、ホロンという言葉をとれば、ホラルキーといってもいい。

なぜホロンという言葉が必要か、といえば、生物の部分というのは、全体から見ればたしかに部分であるが、たとえば細胞をとって見れば、細胞は細胞でそれ自身の統一性をもち、その下には、また細胞小器官という、統一性をもった実体を含むから、というのである。ホロンはそれぞれ、自分より階層が上の実体に対しては、部分としての面を示すが、自分より下の階層に対しては、全体としてふるまう。もし、ホロンを翻訳するとすれば、その語源から、〈全体子〉とでもいえばよいのであろう。下の階層のホロンは、上の階層のホロンの命令を受けるが、いったん行動を開始すれば、それ自身の規則に従う。

これでわかったような気もするが、わからぬような気もする。ケストラーの考えに出ている階層性が、あまりなじめない。西洋人はどうも社会をかなり階層的に見ているのではないか、という気がする。その社会では、階層という言葉はおそらく、ぴったりするのであろう。

すくなくとも形態学では、ホロンという概念を持ちこまなくても十分である、と思う。というのは、右に述べたようなことは、生物の構造の特性だということを、たいていの形態学者は、学生に教えているからである。ケストラーが階層と考える、器官も、組織も、細胞

も、細胞内小器官も、もともと形態学の用語であり、解剖学に由来している。むしろそういうことを実態として教えるために、こうした用語が存在する。

右に挙げた、ポール・ワイスの思考実験が、皮肉を含むとすれば、それは、還元論者に対するものである。物理学や化学が、生物学の大きな領域を占めるとともに、還元論のいきおいも、盛んになった。これは、自然科学が生物について知りうることは、たとえば生体を構成する分子のふるまいといった、より下位の階層において、説明できることであり、また説明しなくてはならない、という信念を指す。具体的には、物理化学的な説明が、生物学の説明として本質的な、優れたものであり、それ以外の説明は、あってもよいが、いずれ生物学の進歩とともに、消え失せるべきものだ、というのである。

それに対立するものが、全体論あるいは統合論である。より上位の階層のできごとの説明は、より下位の階層における説明では、つねに不十分である、という信念にもとづく。つまり、いかに分子の行動を精細に理解しても、細胞、個体あるいは種のような、上位の階層に属するものの行動には、けっきょく、理解できない部分が残るだろうとする。

ケストラーのホロンという概念は、まさしく両者の統合を考えたものだ、と理解できる。

形態学は、本来還元論よりも、全体論に親近性があり、そのため、化学ほどには、解毒剤としての、ホロンのような概念を必要としない。しかし、西洋人の還元論者というのは、日

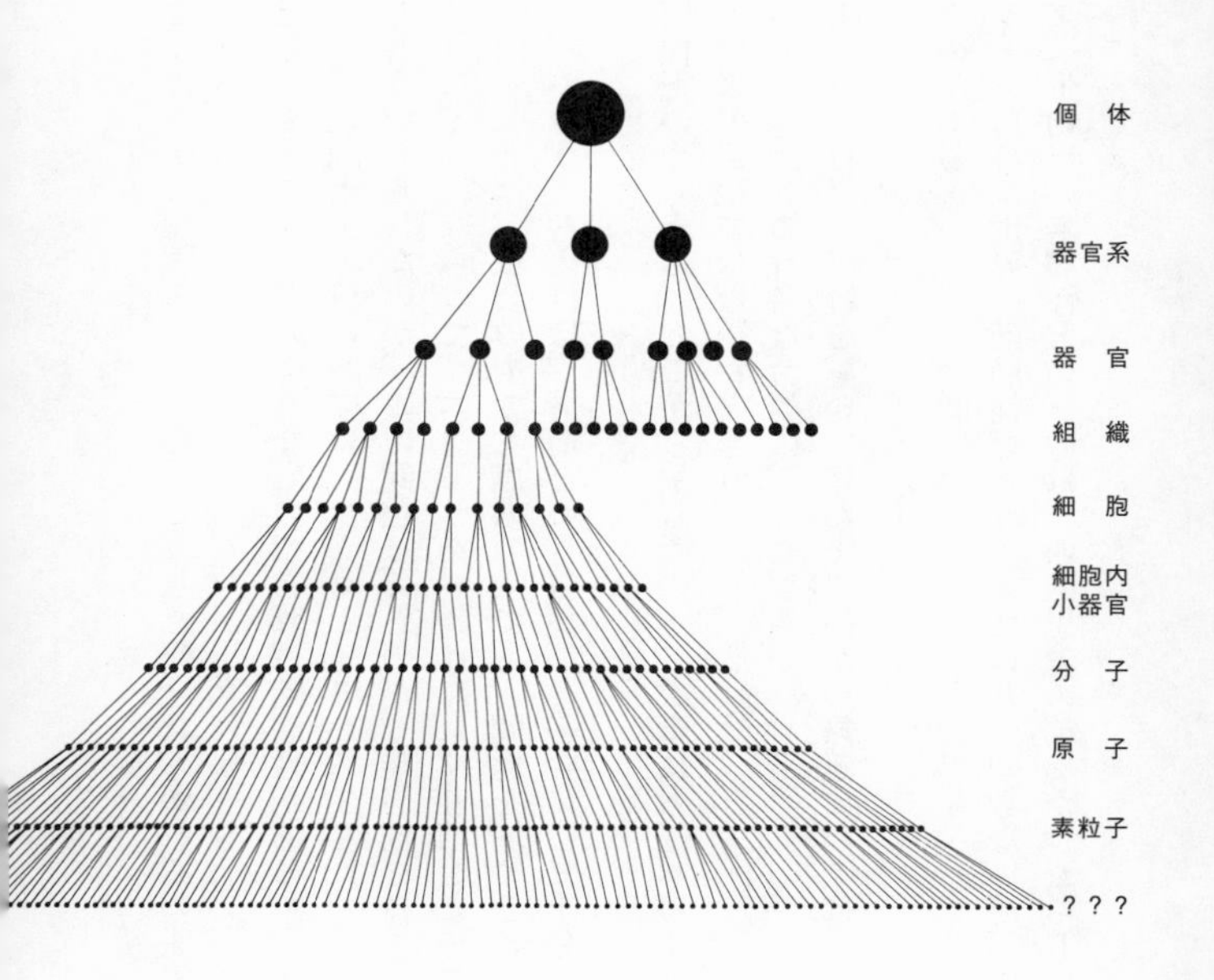

図22　ケストラー描くホロン
典型的に階層構造を示している。むしろ、階層しか示していないことに留意せよ。それがなぜ「全体子」か。

本人よりはるかに頑固らしいから、こうした概念は、かれらの説得のために、有効なのかもしれない。

ただし、構造には、どのようなものであれ、階層性がある、との一般化には注意すべきであろう。還元論と全体論の対立は、もともとそこから生じた可能性がある。ケストラーは、違うと言うかもしれないが、この問題そのものが、階層性を持ちこむとたんに起こる。そこで、私はワイスにならって、ニワトリをいっぺんにすり潰したのである。階層という概念を正面に出すことは、社会の中でも思考の上でも、問題を増やしこそすれ、減らすようには思えない。ふつうに考えれば、構造という言葉が、必要にして十分だ、と私には思われる。

階層性という考えは、どこから生じたのか。次章にも述べるように、これはおそらく、ギリシャ以来の伝統ではないかと思う。

ホワイトヘッドの有名な台辞に、

「ヨーロッパ哲学の伝統を、いちばん一般的かつ無難にいえば、それはプラトンに付けた脚注だ」

というのがある。

プラトン自身が世界の階層性をどう考えていたか知らないが、すくなくともアリストテレス以来、生物界の階層性というのは、西欧思考の前提だったらしい。

アリストテレスの科学からは二つの観念――大いに異なって仕上げられ、事実かなりゆるく互いに結びついている――がルネッサンスの博物学によって遺産として受け入れられた。一つは存在の階層的秩序であり、すなわちキリスト教神学が新プラトン主義に従ってしばしば、宇宙の本質的に思弁的な解釈のテーマにした哲学上のドグマであった。……もう一つは自然物間の移行は感知できない程で殆ど連続的であるという公理であった。

（アーサー・O・ラヴジョイ、内藤健二訳、『存在の大いなる連鎖』、晶文社。この文自体は、さらに、H・ドーダンからの引用）

この二つの観念が、どう考えてもいささか矛盾するところが、自然哲学史の好個の主題だが、それは、ここではとりあえず無関係だとして、西欧では、自然の中に、昔から階層性を仮定していたことが、こうした文章からも明らかである。

しかし、そのことがかならずしも、われわれがその伝統を継がなくてはならぬことを意味するわけではない。ケストラー自身の図は、みごとにこの階層性を表現している。

3　構造と輪

私は、階層性の存在を仮定することが、誤りだとはいわない。しかし、西欧思想のように、それにとらわれる必要はないと考える。たしかに、階層性はたいへん便利な観念であるが、おかげで、現実的には、還元論と全体論の対立のような不便もまた、そこから生じる。

階層性ではないとしたら、私の考える構造の特性とはなにか。

それは、「輪」である。あるいは、輪廻（りんね）である。

べつにキリスト教神学の向うをはって、仏さまを持ち出したわけではない。「輪」のやや具体的な像として、私が頭に描いているのは、たとえば、クレブス回路である。

クレブス回路は、生化学を学んだ人なら、よく御存知であろう。これは、糖の代謝系のなかでは、嫌気的な解糖系より、いわば後方に位置しており、酸素の存在下で、糖の分解産物を、ここで最終的に酸化する。つまり燃やす。その結果、炭酸ガスと水とを生じ、同時に高エネルギー結合が産生される。クレブス回路に直接関係する酵素は、構造に組み込まれた形ではなく、可溶性、つまり水に溶けた形で、ミトコンドリアの基質内に存在している。したがって、現実のクレブス回路は、「実在する」構造をつくるわけではない。むしろ、それは、ヒトの頭の中に存在する。

この回路には、しかし、「構造上」の特徴がいくつかある。

第一に、絶えず回転しているにもかかわらず、つねに同じ構成要素から出来ている。第二に、回路の中では、同じ分子が一本道にそって、順次変化していく。第三に、回路の構成要

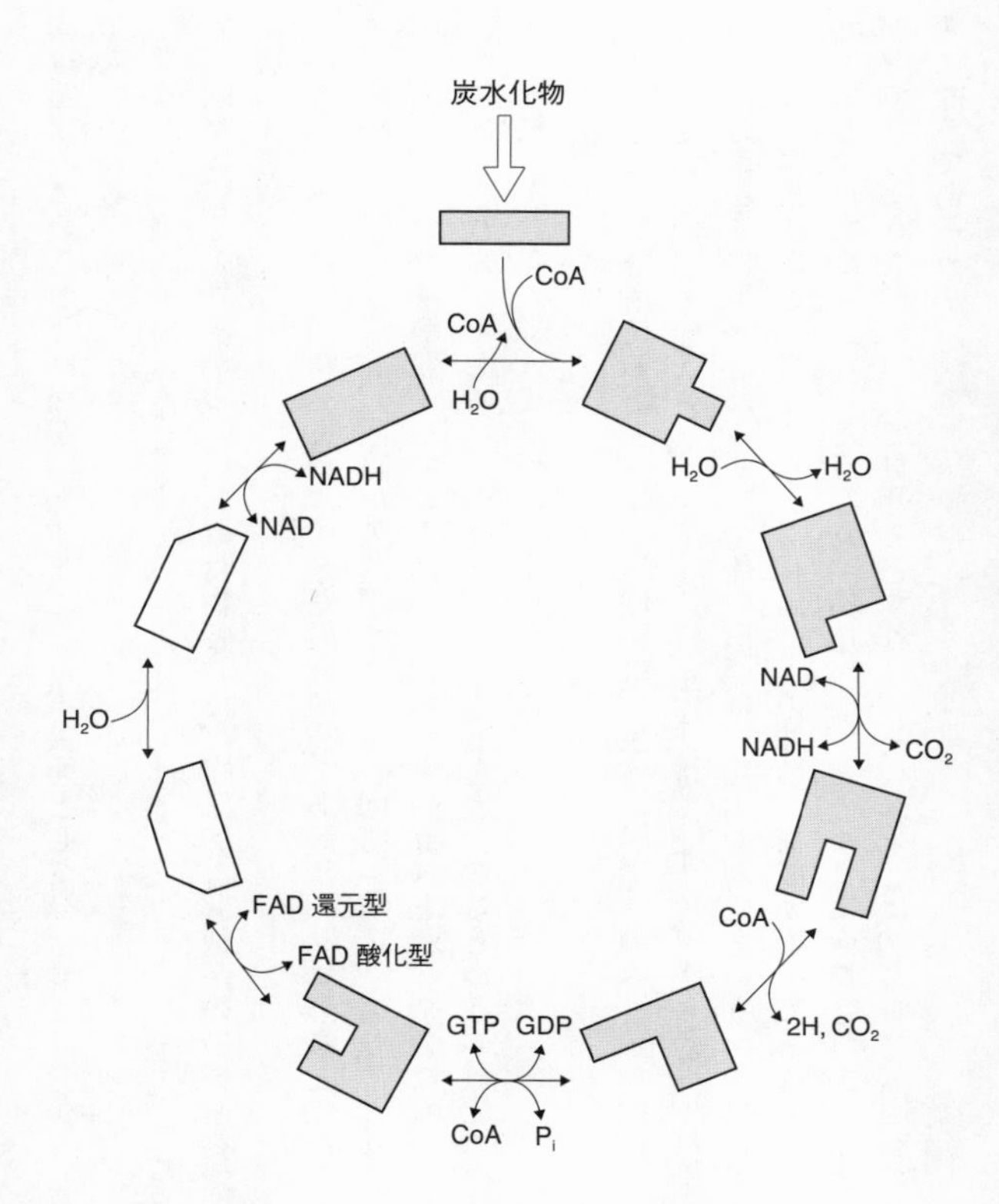

図23　クレブス回路
これを全体として見ると、構成要素は、1、2、……と順次席を移っていくが、回路全体の姿、すなわち「構造」はつねに同じである。この系には、外から絶えず原料（食物）が供給され、途中で水や炭酸ガスを排出し、高エネルギー化合物ATPを産生する。クレブスの頭にあったのは、生物の個体か。

素は定まっているが、回路が回転するごとに、実態としては、つまり分子としては、かならず入れかわる。

こうした、動的平衡をなしている回路を外から見ると、まさしく生体に類似するとわかる。回路は、その外部から、いわば食物として、嫌気的な解糖系の最終産物である、アセチルＣｏＡを取りこむ。

この「食物」は、回路をまわってきた最終産物であるオキサロ酢酸と化合することによって、回路の一員を構成し、回路に入る。すなわち、回路「構造」の一部となる。回路の一本道に沿い、この分子が変化していく途中で、水と炭酸ガスとが、余分なものとして、回路外に「排出」される。そして、この分子が、一本道を進行するという「機能」の結果、高エネルギー結合を含んだ、ＡＴＰが「生産」される。

こうした性質を考えると、クレブス回路は、生体「構造」のみごとな類比（アナロジー）になっている。よく知られているように、生体を構成する分子、あるいは細胞の多くは、日々入れかわるにもかかわらず、全体の形態は、発生や老化というマクロの現象を無視すれば、ほぼ恒常的にとどまる。だから、同一人の顔は、構成要素の交替にもかかわらず、いつでも同じような顔である。そうした「構造」が、どのように保持されているのかを、ヒトが理解できるような形に出して見せるとすれば、それはまさに、クレブス回路のような形の説明になるであろう。

くり返すが、ここで大切なのは、クレブス回路自体は、現実の構造ではない、ということである。しかし、その中に、構造がもつ性質がよく表現されている。本の中の図に描き出されたクレブス回路は、じつは現実に存在する生体の構造の、きわめてよく出来たマンガになっている。

生体では、クレブス回路のような多数の回路が、回路自身を構成要素として、さらに多数、複雑に組み合わさり、からまり合っている。われわれは、クレブス回路を見た目よりも、はるかに大まかな目、つまり現実の目で、そうした状況を観察し、そうすることによって、そこに現実の、われわれが「構造」と称するものを、見てとる。

前章に述べたように、背景となっている多数の回路は、ふつう小さすぎるために、直接その動きが目に見えることはない。しかしわれわれの目が、分子を見分けるほどの解像力をもっていれば、生体はさまざまな「輪」が急速に回転する結果として生じる、ボンヤリした像として目に映ずることであろう。

こうした幾重もの輪の織りなす複雑な輪の集合体は、個体を構成することによって、全体として、空間的にひとまず閉じる。あるいは逆に、そうなったものが個体である、といってもいいのである。

このように考えれば、最初の生物もまた、こうした輪が完成したときに発生した、との考えが、うなずけるであろう。

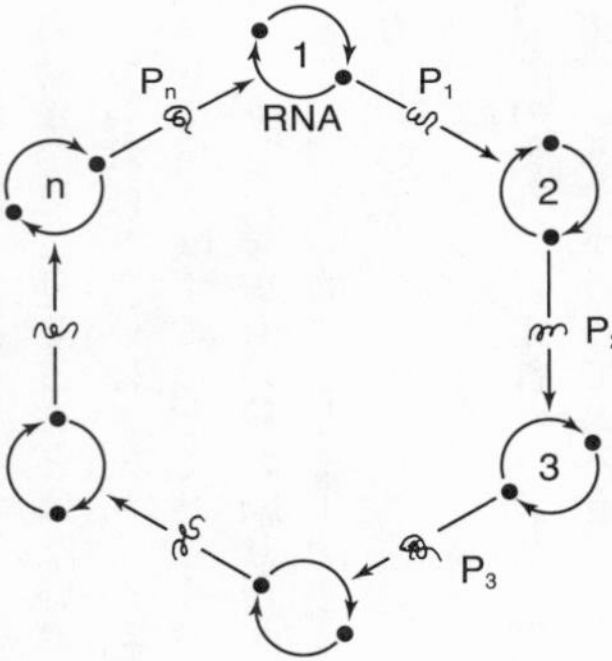

図24　ハイパー・サイクル
太古の海における、「原始のスープ」で起こったのではないか、と考えられるできごと。個々の輪は、相補的な核酸の集合体で、そこでは核酸（黒丸）が増殖する。蛋白（$P_{1\text{-}n}$）はその産物で、たとえば、蛋白P_2は輪3で示す核酸合成を、なんらかの意味で助けるものとする。以下同様にして進む。輪の数（n）は自由である。ただし、全体が輪をつくる必要がある。輪のどれか一つ弱くても、全体は成立しない。

ときどき、遺伝子がいちばん偉い、と思う人がある。代々伝えられるものだから、これは三種の神器みたいなものである。しかし、遺伝子だけあっても、仕方がない。安徳天皇ではないが、三種の神器だけでは、海に飛びこむほかはない。遺伝子の複製のためには、酵素が要る。

酵素は蛋白だから、それを作るためには、蛋白合成系はひととおり必要である。以下同様にして、むしろ最小の「個体としての生物」をつくるために、どれだけの要素が必要か、という問題を考えることができる。そうしたもののうち、もっとも簡単なものを、分子生物学者も考えた。それを「超回路、ハイパー・サイクル」という。これは、ほとんど遺伝子の複製だけを考えた、もっとも簡単な系である。しかし、それが「輪」になっていることに、御注目いただきたい。

具体的な構造に、こうした輪、あるいは動的な平衡によって生じる構造が、認められるであろうか。

例として、表皮をとろう。表皮は、皮膚の最表層をなしている。表皮は、その下層の、繊維に富む真皮とは異なり、表皮細胞のみが数〜数十層に、つみ重なったものである。表皮の表面、つまりわれわれの体の表面は、つねにアカとなって、はげ落ちている。アカはすなわち、表皮細胞がはげ落ちたものである。

ここでは、細胞の増殖は最深部、つまりもっとも真皮に近い、基底層でおこる。増殖した細胞は、表皮の中を、表面に向かって上がっていくか、あるいは基底層にとどまる。いったん基底層をはなれて、上層に移った細胞は、増殖を停止する。そして、下から続けて上がってくる細胞に押されて、さらに上層へと上がり、いずれ表面から剝げ落ちる。

もし、基底細胞の増殖が、剝落する率を上まわれば、表皮はどんどん厚くなる。もし下まわれば、薄くなるはずである。しかし、いずれも実際には起こらない。ゆえに、増殖は、アカとして落ちる最表層の細胞を、ちょうど補充するだけに、限られることがわかる。

表皮には、基底層、有棘層（ゆうきょく）、顆粒層、透明層、角化層という層区分がみられる。これらの区分は、じつは同じ種類の細胞の、時間的な形態変化を示す。表皮細胞が、基底から表層に

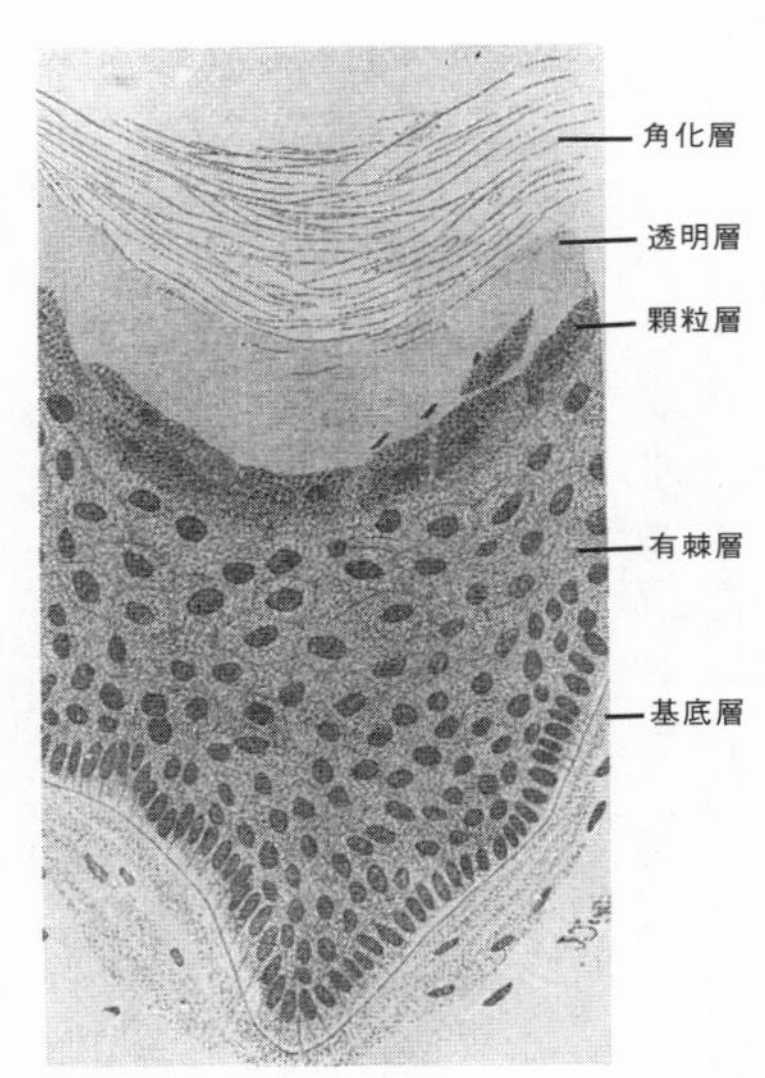

図25　表皮の構造
教科書的には5〜6層の重なりが常に記載される。しかし、実際には、基底層で増殖した細胞が上の層に上がり、やがて角化して落ちる。では、ここに見られる「層構造」はなにか。

向かって上昇し、そのさい一本道で形が変化していくために、層構造を生じる。時間の経過にともない、それぞれの層の細胞は、一つ下層の細胞が上昇し変化して、置きかえられるのである。ただ、その時間的変化そのものを、たとえば一つの細胞について、実際に観察することはむずかしい。表皮の層構造は、細胞の時間的変化が、いわば空間的構造に反映されたものにすぎない。

表皮の切片標本では、われわれはつねに、右で名づけた層を含む、同じ像を見る。こうした層構造は、いわば時間を停止して観察した、つまり書物の図に描かれた、クレブス回路を暗示する。

より専門的にしか知られていない部分であるが、精巣（睾丸）には、精子をつくる組織構造として、精細管がある。ここでは、精子形成系の細胞が、表皮と似た像をあらわす。精子を形成する細胞と、表皮細胞の共通点は、両者ともにある時点で増殖を停止し、そこから先は一本道で細胞の形が変化することである。しかも、その変化が、たえずくり返されている。一本道の起点でたえず増殖がおこり、途中では形が分化し、終点では、最終産物（角化細胞、精子）が、系の外に離脱する。そうした変化をくり返す細胞集団は、時間的断面をとって観察すると、形の上である定常状態を示す。

これに類した定常状態が、分子、細胞、組織、器官といったさまざまな水準に存在する。われわれがふつうに観察し、当然と考えている個体の定常性、つまりいつ見ても同じような顔をしている、という形の上での定常性が、その結果生じる。しかし、実際には、その構成要素はつねに交替している。

それがすなわち形態なのである。

第四章　対応関係——相同と相似

1　タコの眼とヒトの眼

対応関係は、形態学の主題である。というのは、具体的にはどういうことであろうか。解剖学では、さまざまな構造に、名前がつけてある。第一に、どのような構造に名前をつけるかが問題だが、ここでは、名前がついている場合を考えよう。あるいは、目立つものにともかく名前をつけた、と考えていただけばいい。そうした名称が、どの範囲まで通用するか。これは、解剖学では大切な、きわめて具体的な問題である。

タコの眼とヒトの眼は、おなじ眼か。両者は機能的には、とりあえず同じである。構造をみると、レンズも網膜もある。光受容細胞も共通する。これは、光量子を受けて興奮し、それを伝達する性質がある。

では、同じものと考えてよいか。

もうすこし丁寧に観察すると、タコの眼では、光受容細胞の網膜内の位置が、脊椎動物の

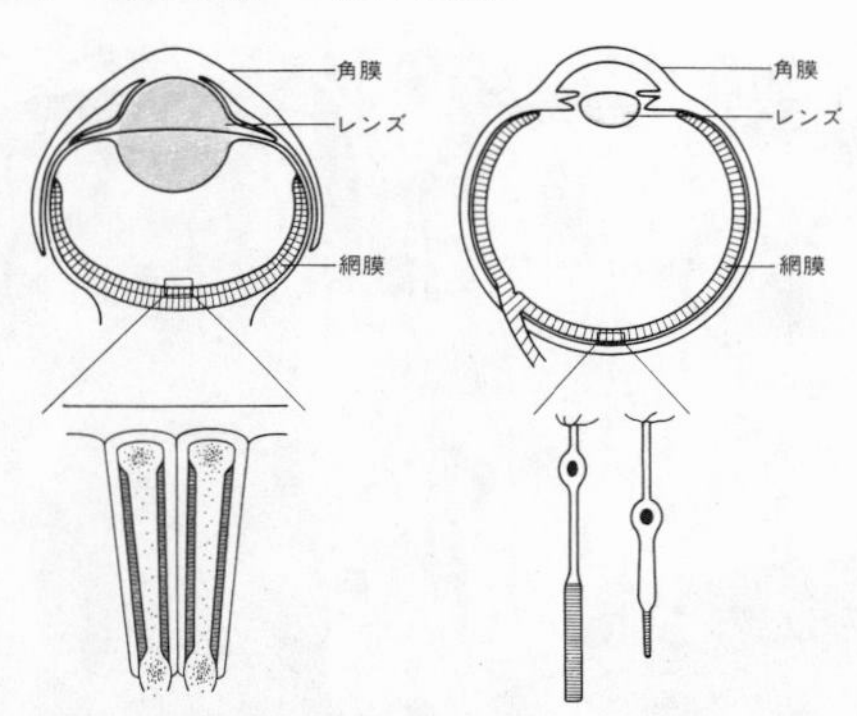

図26　タコの眼（左）と哺乳類の眼
眼球を構成する要素はよく似ている。ただし、光受容細胞の向きが網膜内で逆転している。

場合とは、逆転している。

　これは、ほんとうは、脊椎動物のほうがおかしい。つまり、脊椎動物では、光受容細胞が、光が入射してくる側、つまり眼球内部の方を向かず、眼球の壁側にあって、レンズに尻を向けている。神経細胞層も、哺乳類では網膜の血管も、光の通路をさえぎる位置に存在している。光受容細胞より外側には、色素上皮層がある。

　一方タコでは、この関係は逆転し、光受容細胞は、すなおに光の方に向く。神経層は、むろんその下、つまり眼球全体からいえば、外側にある。これは、きわめて問題になる点である。なぜなら、脊椎動物はおそらく数千種あるが、そのいずれも、こうしたタコふうの網膜は、持たないからである。

　こういう場合には、常識的に、タコの網膜と脊椎動物の網膜は、起源がちがう、と考える。通常、両者は、まったく別物とみなされてい

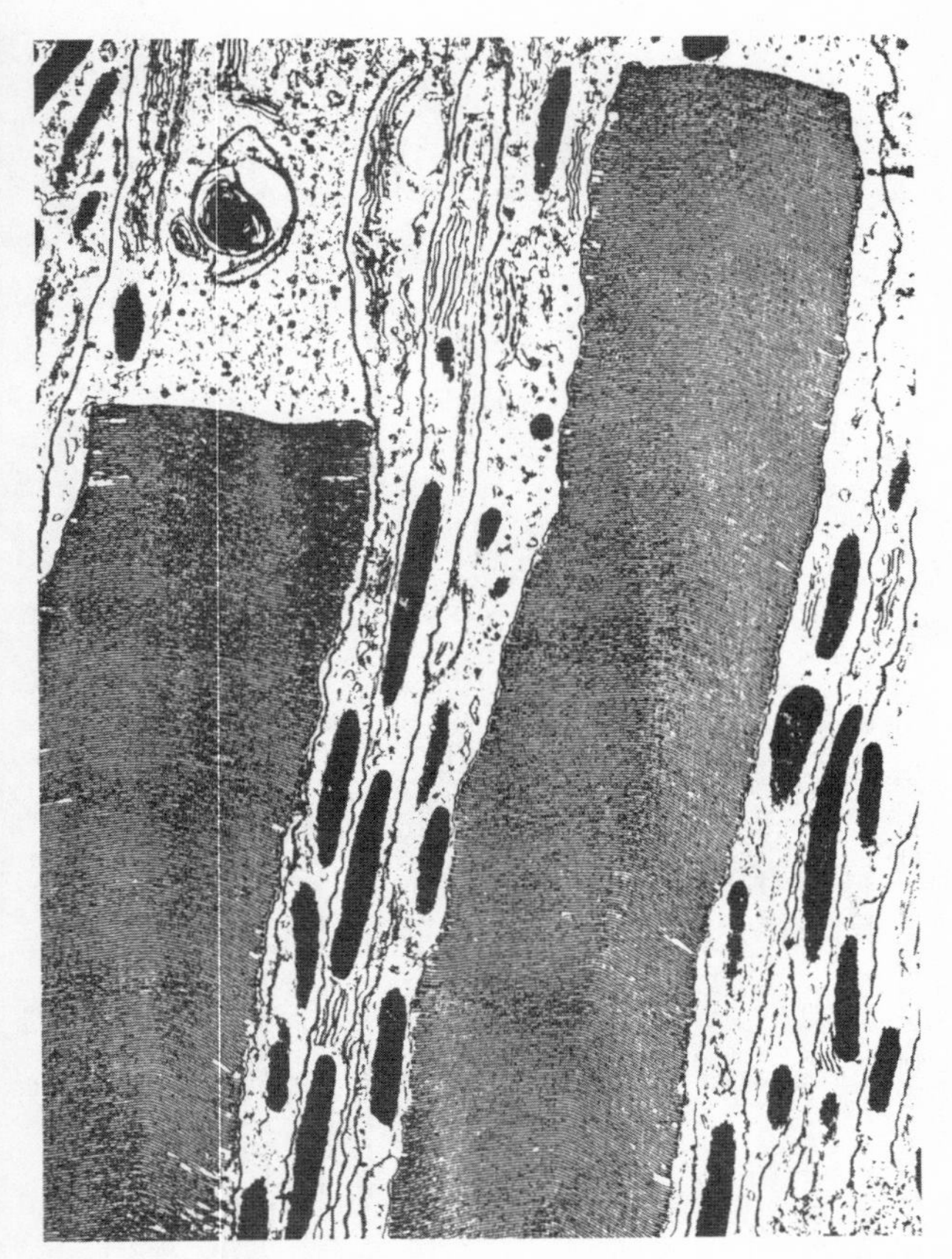

図27　外節の電子顕微鏡像
外節はきわめて多数の膜の積み重なりからできている。これらの膜は、外節先端から落ち、基部からたえず補充される（広沢一成氏による）。

る。

光受容細胞そのものの構造は、類似している。いずれも細胞膜が特殊化し、多数の膜が積み重なってつくる、外節ないし感桿（タコ）という構造をもつ。だから両者の起源が同じだ、とはいえない。なぜなら、第三の眼といわれる、松果体の光受容細胞も、外節をもつからである。すなわち、外節様構造をもつ光受容細胞は、多細胞の動物がつくり出した、一般的な光受容のための細胞であり、逆にいえば、光を受容するには、細胞はこの形をとるほかはない、という可能性も強い。しかも、ふつうの眼の間に一つ、別個に存在する松果体という器官が、対性の眼と同じ起源だとは、まず考えられない。

しかし、タコの眼を、脊椎動物の眼と起源が異なるとする、もう一つの大切な事情がある。それは、この二つの動物群の構造を、ていねいに見ると、両者が対応する位置にあるという論理が引き出せない、という点である。

つまり、眼の構造そのものも大切だが、眼の位置、あるいは周囲との関係が問題なのである。このばあい、後に述べるように、タコの身体と脊椎動物の身体には、およそ対応関係がつけにくいことは、ジョルジュ・キュヴィエ（一七六九—一八三二）の時代からわかっていた。

脊椎動物の場合であれ、タコ一般の場合であれ、眼は、ある解剖学的位置関係の中に存在する。つまり、特定の周囲の状況下にある。その周囲の状況そのものが、タコとヒトではまったく異なる。だから、眼の構造という類似だけを取り上げて、両者が同じものと主張することは、じつは不可能なのである。

解剖学は、周囲の位置関係を重視する点で、独特といってよい。脊椎動物一般が、どうして一群にまとめられるのか。それは、この群の動物が、つまるところ類似の体制をもつからである。類似の体制とは、換言すれば、身体を各部分に分解して考えた場合、それぞれが、他種の類似の部分と、たがいに対応する（解剖学的）位置関係にあるということである。

たとえば、脊椎動物なら、眼の周囲に存在する、他の構造として著明なものは、まず外眼筋とよばれる、眼を動かす筋である。これはほとんどの脊椎動物で、同じ数だけ、ほぼ同じ位置に存在する。しかも、これら外眼筋を支配する神経は、三つある。それぞれ動眼神経、外転神経、滑車神経と呼ばれる。これらもまた、脊椎動物間では、たがいにきわめてよく対応している。眼の周囲をかこむ骨は、サカナと哺乳類とでは、いきなり対応をつけるのは困難であるとはいえ、両生類や爬虫類を考慮すれば、あるていど対応することが知られる。

骨が集まってつくる、眼を入れる穴が眼窩（がんか）であるが、哺乳類では、眼から出た涙は、よく経験するように、鼻に抜ける。これは、眼窩から鼻に向かって涙を流す、鼻涙管（びるいかん）という構造があるからである。

これはサカナには無い、と考えるのが普通であろう。なぜなら、海中のサカナには、涙を出す腺、つまり涙腺は不要だからである。しかし、サカナにも、鼻涙管に対応するものがある。それは、サカナの後ろの鼻孔である。

サカナの鼻は、哺乳類のように陸生で空気呼吸をする動物とは、たいへん違う。サカナで

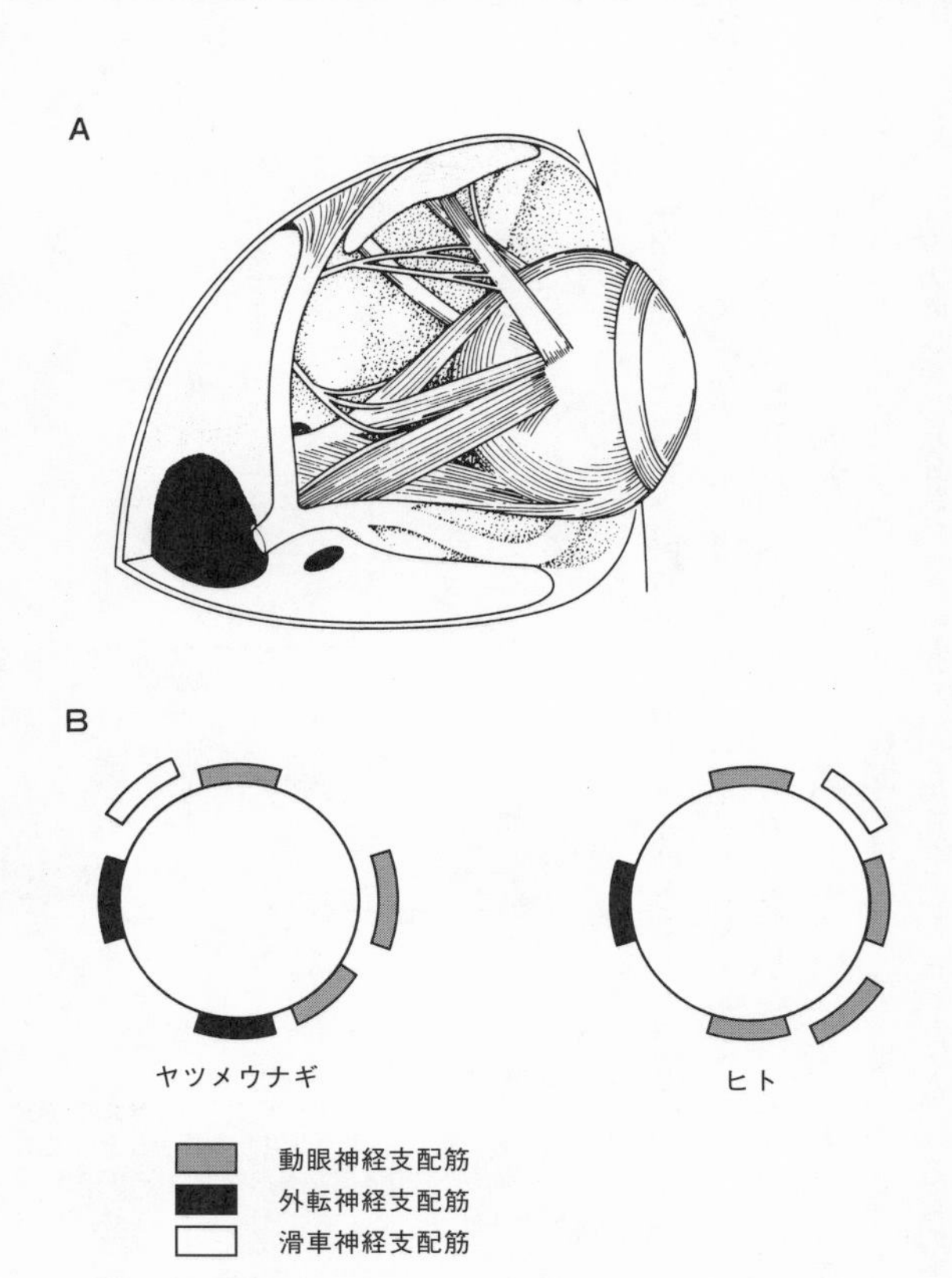

図28　A）サメの眼球と周囲の構造
右眼を上から見たもの。筋と神経とを示す。基本的にはヒトも類似の状況を示す（西、1937）。
B）眼球と外眼筋
正面から見た右眼を模式的に描き、そこに外眼筋の断面を示したもの。現生ではもっとも古い型を示すヤツメウナギと、ヒトとでは、筋の数は不変だが、筋の位置、神経支配にややズレがみられる。軟骨魚類が両者の中間型を示す。

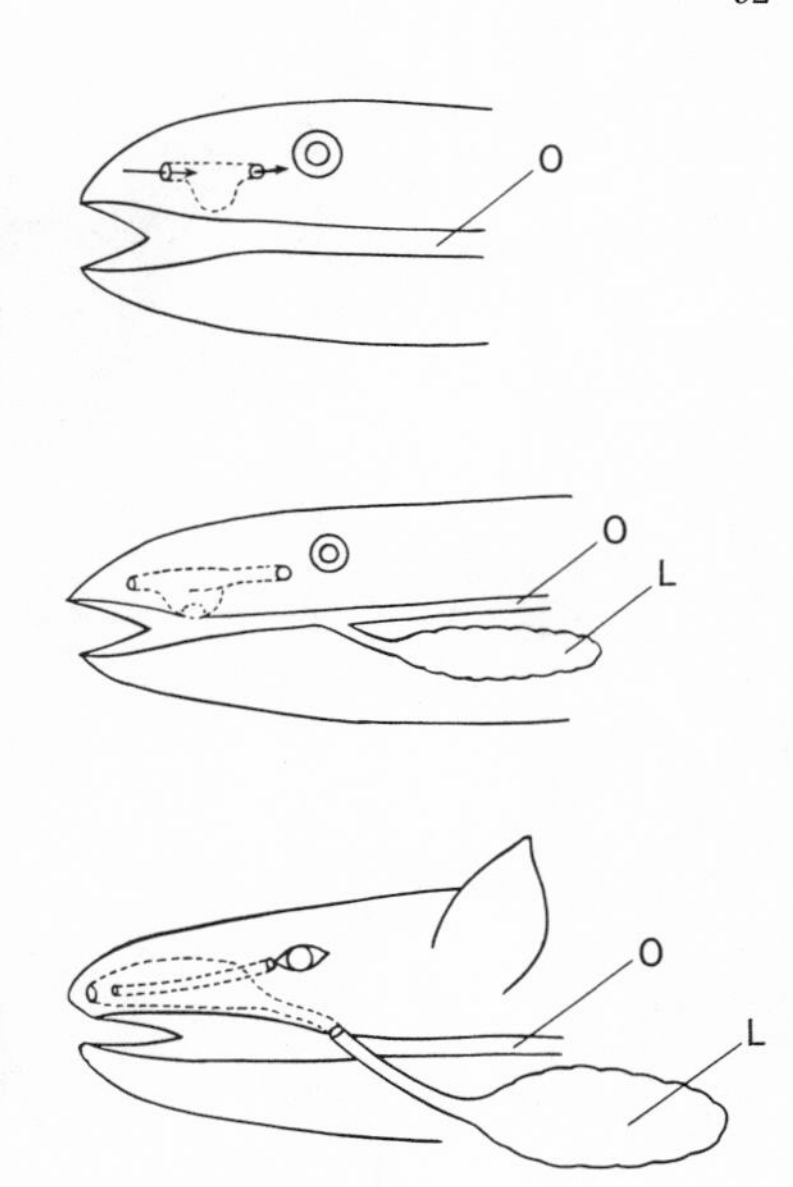

図29　鼻腔と鼻涙管の進化
サカナから総鰭類型を経て、哺乳類に至る変化を模式的に示す。点線で鼻腔を描き、そこから後方へ伸びる管が鼻涙管である。O食道、L肺。

は、鼻腔は独立しており、口やノド（咽頭）とはもともと無関係である。つまり、鼻腔と口腔はまったく連絡がない。サカナは、水に溶けた物質の匂いをかぐ。その水を、鼻腔にみちびく鼻の穴は、われわれの外鼻孔と同じものである。しかし、鼻腔から後方への通路、すなわち後鼻孔は、われわれでは咽頭に抜けるが、サカナでは、また皮膚を貫通して外に出る。つまり外界から鼻腔に入った水は、外に開く後鼻孔を通って、ふたたび外界に出る。ゆえに、サカナのこの後鼻孔は、われわれの後鼻孔とは、まったく異なるものである。

では、いったいサカナの後鼻孔は、どこにいったのか。それはおそらく、われわれの鼻涙管になった。つまり、涙が鼻に抜けるという、なんの役に立つのか、わけのわからぬ機能をはたす鼻涙管は、かつてわれわれの祖先が水中に住んでいた時代の、後鼻孔の名残りである。

その変化は、両生類に近いサカナ、すなわち「陸に上がったサカナ」の時代にさかのぼる。それは、総鰭(そうき)類とよばれる、現生動物ではシーラカンスを含む群である。総鰭類は、鼻腔が口腔と接触する点がやぶれ、鼻腔と口腔とが交通する。これは、われわれでは、胚の時期におこる現象である。それ以前の若い胚では、われわれでもまた、鼻腔と口腔の間に、連絡がない。

こうした交通が生じ、空気呼吸をすることになると、空気は鼻からノドに抜け、サカナ時代の後鼻孔は不要になる。そして、これが、なぜか知らないが残存し、われわれの鼻涙管をつくる。

そう話の筋をつくると、サカナとわれわれとの解剖学的な違いから始まって、鼻涙管の存在や位置から、その発生まで、いくつかの話が、一つにまとまることになる。したがって、この話は、たぶんウソではなかろう、ということになっているのである。

以上のように吟味していくと、解剖学的な対応関係が、サカナの眼とたとえばヒトの眼との間に、眼の付属物まで含めて、かなりキチンと存在することが、御理解いただけるであろう。一方、タコの眼とヒトの眼とでは、こういう関係を認めることはできない。

以上のようなわけで、脊椎動物という一群の動物では、眼は起源を同じくするもの、いわゆる「相同」と考えてよい。他方、タコの眼とヒトの眼とは、相同関係がない。そしてまた、サカナの後ろの外鼻孔と、哺乳類の鼻涙管とは、相同である。眼窩をつくる多くの骨もまた、おそらく相同なものを含んでいる。

2 相同関係

ただし、相同という概念は、本来「起源を同じくする」という意味ではない。相同の意味がこうなったのは、進化論の影響である。相同の概念は、もともと比較解剖学者のものであり、そのはじまりは進化とは無関係だった。たとえば、ダーウィンの進化論に対する強い反対者だったリチャード・オーウェンは、後に説明するように、相同を「特殊相同」「一般相同」「順列相同」の三つに分けている。

相同ということばは、いまでは、便利でも一般的でもない。第一に、その内容が、歴史的に、大きく変わったからである。第二に、以下にも述べるように、本来の意味は、同種、異種を問わず、ある構造の「解剖学的な対応関係」を指している。ところが、転化した意味である、「起源を同じくする」というのは、しばしば実証困難な概念である。

古典的な相同関係のうち、もっとも一般的なものは、いままで述べてきたような例、すなわち、ある部分が（身体全体を考慮した場合）、別種の動物でたがいに対応する位置関係にある、というものである。これが、オーウェンのいう「特殊」相同に対応する。ただし、こうした相同関係がはっきりいえるためには、問題の構造の周囲の構造もまた、対応関係、すなわち相同関係が明確でなくてはならない。そうした、複数の構造が、局所的な特定の解剖学的関係をつねに示すことを、エティエンヌ・ジョフロワ・サンティレールは「連関の法則」と呼んだ。

この点は、論理的には、循環論法になっている。相同を決定するためには、どこかの部分が、まず相同でなくてはならないが、そのためにはその周囲の構造の相同関係に、頼らなくてはならないからである。

それを実際上解決しているのは、生物の多様性である。前項の鼻涙管のばあいでも、総鰭類や、胎児の構造が、いわば解剖学的な中間型を形成し、移行の状態を示してくれる。さらに理念上では、オーウェンやジョフロワ・サンティレールのころには、神の基本設計が存在する、という信念が、古典的相同の基礎をささえた。

もちろん、これらは状況証拠である。したがって、説得力を持たせるためには、徹底的に、証拠の数を増やすしかない。それはどこまでいっても量の問題だから、決定的ではない。ゆえに、サカナの後外鼻孔と、鼻涙管とが間違いなく相同か、とあらたまってきかれると、実験的証拠はないと答えるほかはない。だから、別な意見が出てちっともかまわないのだが、にもかかわらず、この両者は相同である、というおかしな関係は、まず成立することは間違いないであろう。

ここでは、けっきょく、動物全体をまず見るほかはない。したがって、比較解剖学は、そもそもの出発点において、全体論である。その上で、具体的には、動物の各部分について、いちいち対応関係をつけていくしかない。その作業は、けっきょく、全体に戻ることになる。それが、もともとの比較解剖学の仕事だった。一方、進化を認めるにせよ、認めないにせよ、ある構造どうしが、動物を変えても、対応関係にあるかどうか、つまり相同であるかどうかは、あるていど吟味できる。

進化以前の「相同」の概念で、特異なものは、一般相同である。これは、同一個体内におけるくり返し構造、すなわち次章で述べる重複ないし剰余が、その構成要素において、はっきりした解剖学的対応関係を示す場合である。オーウェンはこのことばを、基幹骨格だけに、つまり各椎骨間、および後述のように、椎骨と頭蓋の間に応用した。しかしこの「一般相同」は、基幹骨格だけをとくに重視する理論的根拠が、もはやない以上、オーウェンのいう、次の順列相同を含めてよい。たとえば、上肢と下肢がその典型である。「祖先を同じくする構造」という定義で、この種の対応関係を扱うことはできない。足と手には、もちろん、どちらが祖先で、どちらが子孫というような関係はないからである。

ところが、この二つは、具体的に調べてみればすぐにわかるが、その部分が、たしかに明確な対応関係を示す。第一に、それぞれが大きくみて四つの部分から成る。いちばん近位、つまり身体の軸に近い方からみれば、まず、二、三の骨からなる、上肢帯と下肢帯が対応する。つぎは上腕と大腿、つづいて前腕と下腿、最後に手と足である。これを骨でみると、肩甲骨と鎖骨に対して骨盤があり、上腕骨に対して大腿骨、橈骨と尺骨に対して、脛骨と腓骨、手根骨に対して足根骨、その先は、中手骨に対して中足骨、および二つ（親指）ないし三つの指骨（その他の指）が、上肢と下肢とで同じように対応している。

こうした対応関係は、あきらかに形態学上の問題である。昆虫には足が六本あるが、これもまた、基節、腿節、脛節、付節という、類似の構造を順次示す。左右に「くり返される」上肢や、左右に五回ずつ「くり返される」各指もまた、こうした順列相同に含まれる。

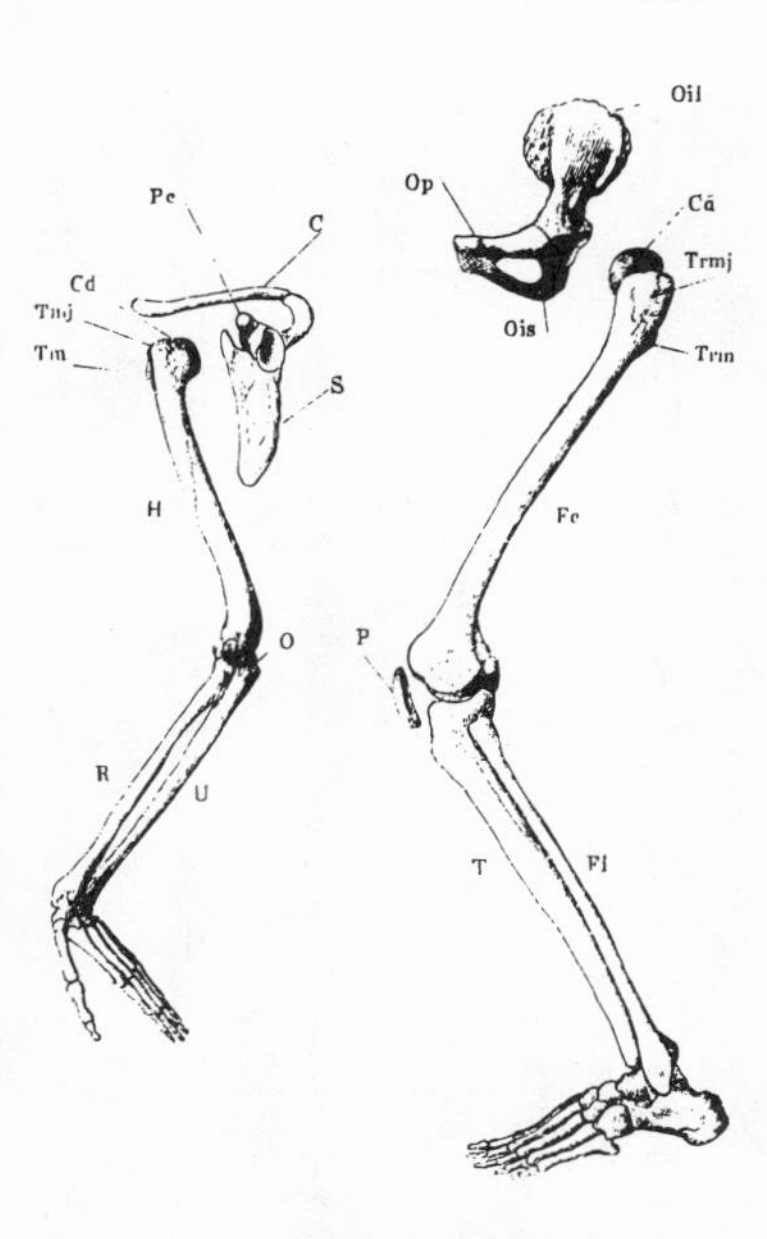

図30　上肢と下肢の骨格系の対応
なぜ骨の配列がよく似ているのか。C鎖骨、Pc烏口突起、S肩甲骨、H上腕骨、R橈骨、U尺骨、Oil腸骨、Op恥骨、Ois坐骨、Fe大腿骨、P膝蓋骨、T脛骨、Fi腓骨（Henleによる）。

これらは、異種間にみられる、すでに述べた「特殊」相同とは、意味がまったく違う。これを私は、次章で述べるように、構造の剰余として考えている。相同が、「起源を同じくする構造」に転化してからは、いわゆる「一般相同」の意味を深く考える人は、ほとんどなくなった。しかし、これがいまでも、形態学の基本的問題の一つであることに、変わりはない。むしろ、特殊相同の答えが、いわば進化論から得られてしまったので、こちらの方が重大な問題として残っている。

つまり、なぜたとえば、手と足とは、同じ型の骨の配列をもつのか。その配列は、歴史的には、すでにおそらく、陸上にあがった総鰭類の時代いらい、三億年を経ているが、なぜそれほど安定しているのか。いったい遺伝子は、そういう骨の配列を決定しているのか。しているとしたらそれはどんな遺伝子か。むしろ現在の遺伝学の成果は、そうした性質を遺伝子が一次的に決定することについて、否定的ではないのか。二次的だとしたら、遺伝子と、このような表現型の間に、いかなる経路をはさんで考えたらいいのか。遺伝子がかなり変化しても、こうした性質は、きわめて変化しにくい、安定したものらしいが、それはどうしてか。

このような問題が、古典的な一般ないし順列相同に関して、いまだに残されたものと考えてよいであろう。

比較解剖学の歴史では、一般相同が、特殊相同、すなわち「祖先を同じくする相同」とのちに呼ばれるものと、同様の重みをもった。そしてこの考えが、たとえば、古くはオーケンやゲーテに代表される、頭蓋の椎骨説を生み出すことになった。

脊椎動物の頭骨は、似ているといえば、よく似たものである。背骨とちがって、一個の骨として取り出せる。しかも、形を比較すると、複雑でなかなか面白い。だから、昔から、この材料に凝る人が多かった。

あるていど観察が進んでくると、まず生じてくる疑問は、頭蓋がどのような規則でできているか、ということである。頭の骨は、脊椎の上に乗っている。べつな見方をすれば、脊椎の行きどまりである。したがって、これがいくつかの椎骨の連合ではないか、ということが、まず考慮されることになった。もし、頭蓋が椎骨の連合なら、頭蓋を構成している、ヒトで約二十、サカナで約百個の骨は、いくつかの、椎骨相当の部分にわかれるはずである。さらに、一個の椎骨が、複数の構成要素から成ることを考えると、椎骨相当の各部分は、椎骨の構成要素に対応する部分から成るのではないか。

これを最初に思いついたのは、ドイツの比較解剖学者オーケン、あるいはゲーテである。

「一八〇六年八月、私は、ハルツを旅した。……森の南側を下っているとき、私はそれを見た。……足下にはなはだみごとに晒らされた雌鹿の頭骨が落ちていた。それを取り上げ、ひっくり返し、眺めすかし、だしぬけに気づいた。……これこそ脊柱ではないか。……その考えが、私の全身を電光のように貫いた。この時いらい、頭骨は脊柱となったのである」オーケンはこう記している。

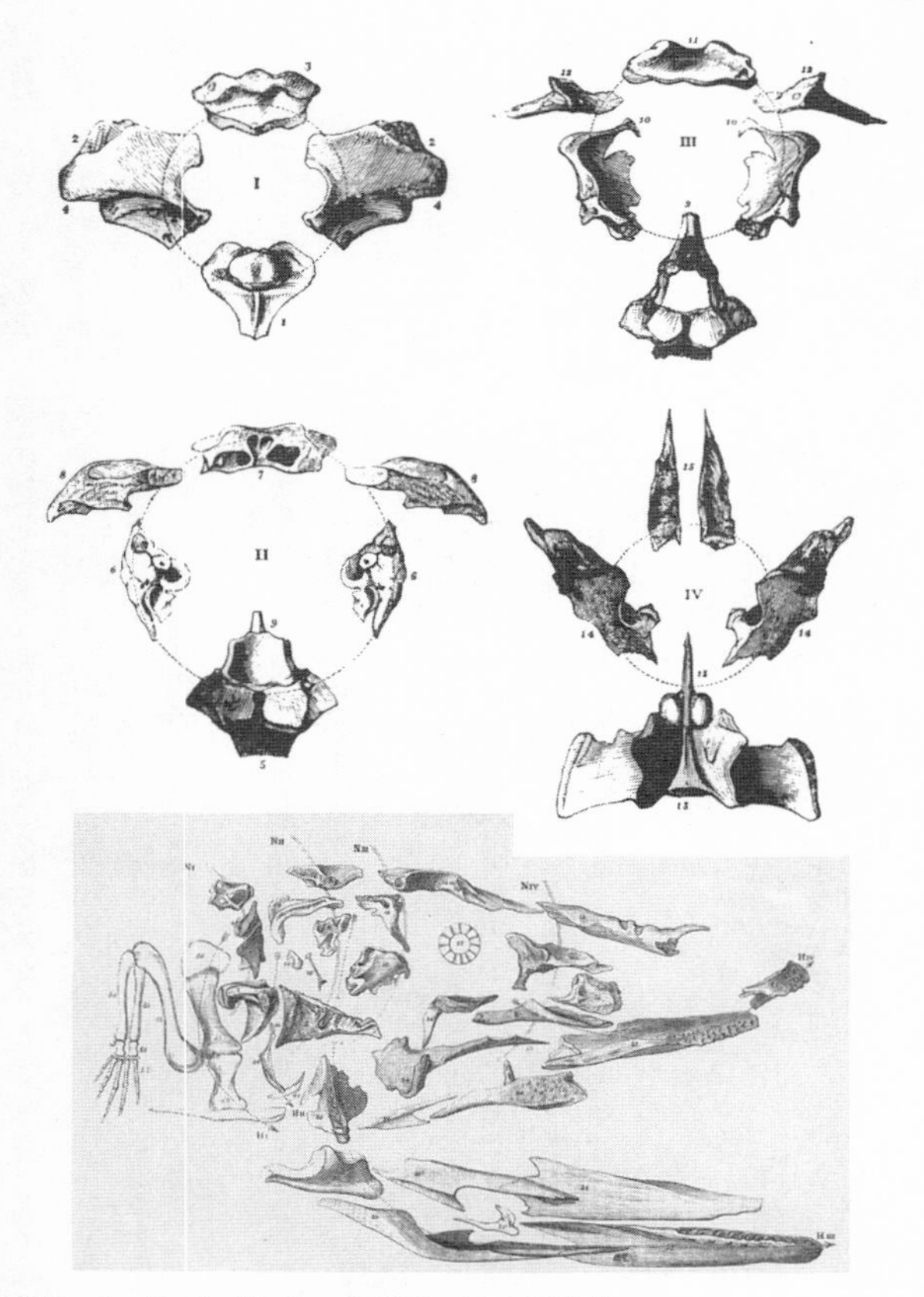

図31　オーウェン（R. Owen）の描いたワニの頭蓋
頭蓋を構成する骨を分解し、輪状に並べ、それぞれの輪が1個の椎骨に相当すると考えている。ローマ数字のⅠ～Ⅳが四つの椎骨相当部分で、後方から前方へ向かう。大きな全景のうち、二重線で示す部分が、輪として描いてある。

ゲーテは、一七九〇年、今度は、ヴェニスのユダヤ人墓地で、ヒツジの頭骨を拾った。これを手にしながら、やはり同じ考えが、天啓のごとくひらめいた、という。

ゲーテにしてもオーケンにしても、同じことを思いつくのだから、頭蓋の椎骨説は、生じるべくして生じたものなのであろう。オーケンは、頭蓋にみられる椎骨相当部分の数を三と見積り、それぞれ耳椎骨、顎椎骨、眼椎骨という仮の名称を与えた。

頭蓋の椎骨説は、かなり長生きするが、十九世紀末いらい、発生学の進展にともない、最後部を除いて、椎骨とは無関係とされるようになる。

3　具体的な対応関係の検討

ここに、いまある動脈があるとする。二人の人で、同じような位置に同じような太さで、つまり外見としてはよく似た動脈が、見つかった。さて、この動脈は、この二人の間で対応するもの、すなわち、同じものかどうか。それを、具体的には、どのような根拠から、判断したらいいか。

動脈や神経で、大切なことは、それが支配する領域がどこか、という事実である。分布する範囲といってもよい。動脈なら、その動脈の流域が問題になる。これを知るためには、この動脈をていねいに、末梢まで追えばよろしい。枝分かれはするが、それもすべて追う。最後には、毛細血管に近くなって、肉眼では見えなくなるが、そこまで追えば、十分である。

さて、二つの動脈で、これもほぼ一致していたとする。では、同じ動脈だとしてよいか。それが、そうはいかないのである。もちろん、実用的には、ここまで一致すれば、同じものと考えて、いっこうに差支えない。ふつうはここで、同じ名前がつく。しかし、ほんとうは、この二つの動脈が同じものという保証はない。それは、周囲の構造との関係をみたときに、はじめてわかる。

いま、この二人の人で、一方の動脈が、たとえばある靭帯の下を通っていたとしよう。ところが、もう一方の人では、この動脈は靭帯の上を通っている。同じものが、周囲の構造との位置関係では、違っているわけである。それでも、同じ動脈としてよいか。

そこで、もうすこしていねいに解剖して調べてみよう。靱帯の下に動脈があった人について、靱帯の上をていねいに解剖してみる。すると、そこには、問題の動脈よりはるかに細いものではあるが、もう一本動脈が見えた。この細い動脈は、位置的には、もうひとりの人の動脈に対応している。太さは異なるが、通過する位置は同じである。位置を重視すれば、こちらを同じ動脈としたほうがよくないか。

すなわち、ここでは、靭帯の上下に、それぞれ動脈がある。一方の人では、上を通るものが太く、他方では、下を通るものが太い。そのため末梢分布も異なってしまった。末梢は、なにはともあれ、血液さえ送られてくればいい。だから、どちらの動脈から血がやってくるかは、問題ではない。

これは、じつは実際に起こる例である。たとえば、ヒトの肩甲上動脈で見られる。この動

図33　ヒトの上腕動脈（足立）
ここでは神経を黒く描いてある。上腕動脈はこの上腕神経叢と交差する。この交差の仕方はさまざまであり、極端な場合には、まったく交差がない。図に示すのは、比較的ふつうに見られる交差の型である。アラビア数字は神経根の番号で、5〜8は頸神経、1は胸神経である。
さて、神経との交差の仕方が異なる上腕動脈どうしは、同じ動脈と考えるべきか、異なった動脈と考えるべきか。どう判断すればよいか。

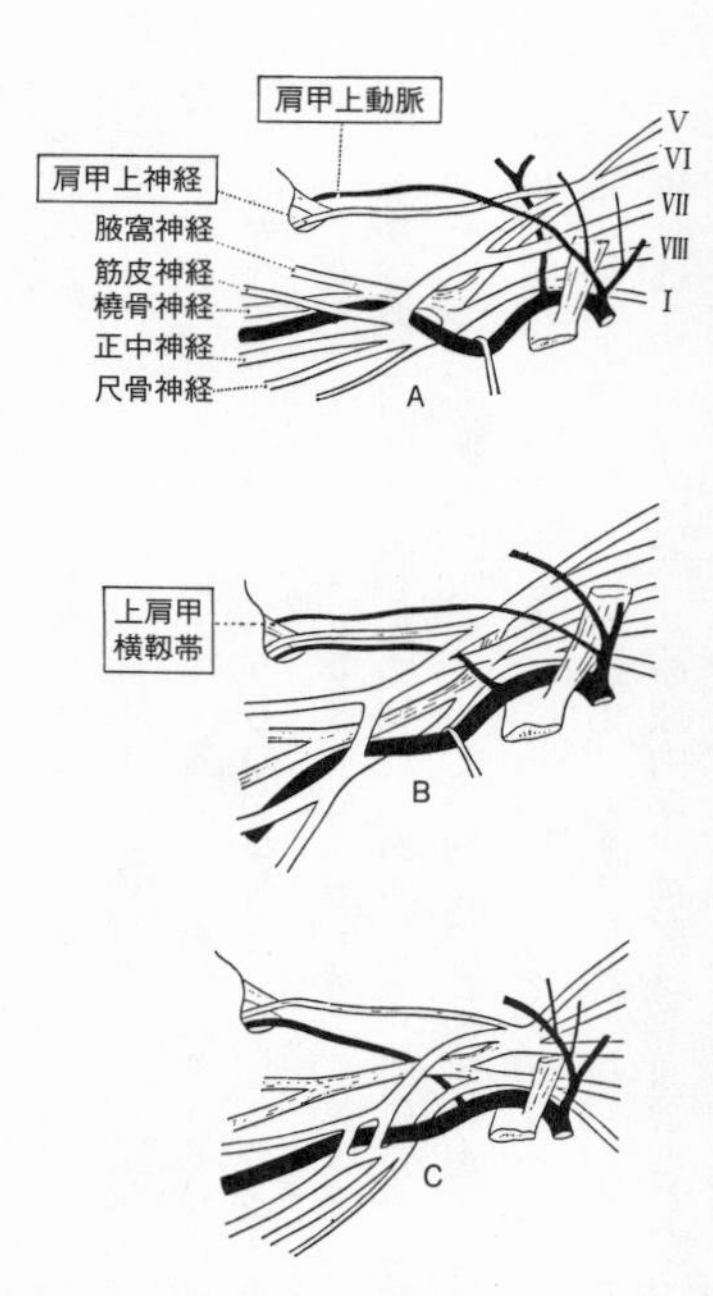

図32　肩甲上動脈の変異（足立）
ここで横に長く伸びる細い動脈（黒）が肩甲上動脈である。Bでは2本ある。カギをかけてある、太い動脈は鎖骨下動脈で、腕神経叢と交差し、上肢を支配する。上肩甲横靭帯の位置で肩甲上動脈に注目すると、靭帯の上を通過する（A、B）か、下を通過する（B、C）かのいずれかである。下を通過するものについて、BとCを比較すると、神経との交差関係が異なることがわかる。さて、これらの動脈は同じものであろうか、違うものであろうか。それはなぜ判断できるか。

脈は、肩甲骨の上部にみられる、肩甲上切痕という切れ目の付近を通過する。ただしこの切れ目には、上方に靭帯がわたっており、動脈はふつうこの靭帯の上を通過する。ただし、ヒトによっては、靭帯の下を動脈が通る。いずれも同じ名称で呼ばれているが、右の解説でおわかりのように、これには、くわしくいえば、問題がある。

おなじような例は、上腕動脈でも見られる。この動脈は腕に血液を送る太い動脈だが、途中経過で、上腕神経叢と交差する。ところが、百人に一人くらい、この交差がない人がある。この場合、この人の上腕動脈が、交差する型の動脈と同じものかどうかは、肩甲上動脈のばあいと同じ議論になる。

ところが、一般に、人体解剖学では、この二つを区別していない。論理的に考えても、それで正しい。なぜなら、この肩甲上動脈のばあいも、上腕動脈のばあいも、それぞれ、靭帯なり、神経なりが近くにあって、そういうものに対する位置関係が違うから、ちがうものだと判断できるのだが、そういうものがなかったとしたらどうか。二つの動脈は、多少位置が異なったにしても、まずその区別には、気づかないであろう。

つまり右の二例は、あくまで例外であって、一般にこうした場合を基準とすることはできない。そこで、動脈の流域によって、動脈の名称を決定するほうが、実用的なのである。静脈の場合にはさらに変異が多く、その同一性を認定するのは、じつは容易なことではない。

では、神経ならどうか。神経も、動脈と同様、区別がつかない二つが存在することがあるか。それは、ふつうない。その理由は、神経は、血管とちがって、あまり変異を示さないからである。

血管が変異を示す理由ははっきりしている。血管が発生してくるとき、はじめに血管の網の目が生じ、そのなかの、どの経路かが太くなることによって、最終的な成体の形が決定される。その場合、どの経路が採用されるかは、個体によって、つまり遺伝ないし環境条件によって、局所の流体力学的な条件しだいで、異なるのである。

他方、神経では、発生初期の網の目は、ほとんど存在しない。発生初期から、一定の場所

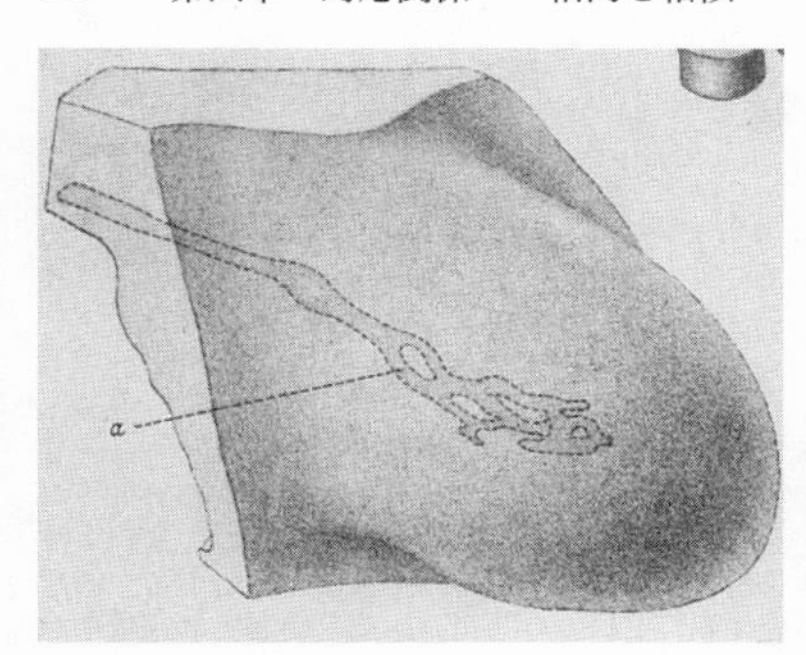

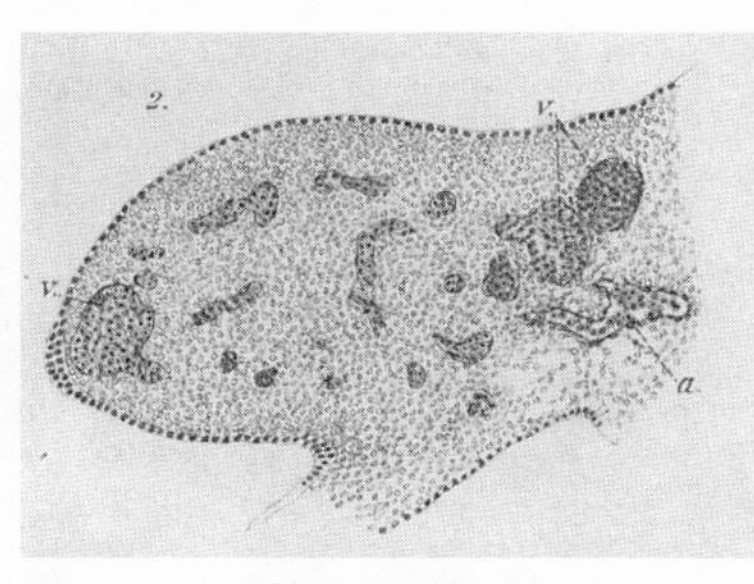

図34　ヒト胎児における動脈の網の目
発生期には、血管はまず網の目として発生する。網の目のどれかの経路がしだいに太くなって、成体の動脈の原基を形成する。図には10ミリのヒト胎児の上腕の動脈（上）と、その時の切片の模式図（下）を示す（Müller）。これ以前の時期では、もっと細かい網の目になっていることが推測される。その網目のどれが太くなるかによって、動脈の経路にすでに見たような差異が生じることになる。

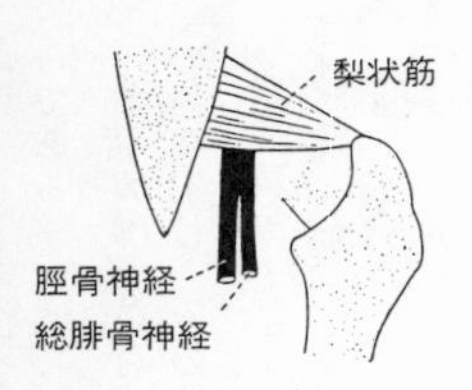

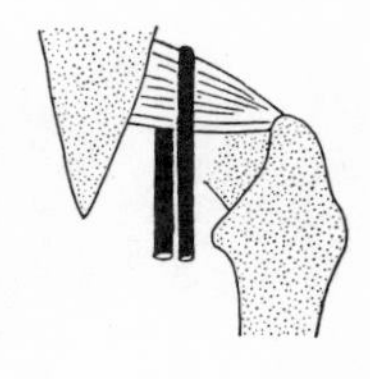

図35　ヒトの総腓骨神経と梨状筋の位置関係
もし神経の位置が、きわめて安定したものであれば、図に示すような梨状筋の状況は、この筋が二つの異なる筋の集合であることを示すことになる。つまり、二つの神経より手前にある筋と、二つの神経の間にある筋とである。ただし、神経の位置が変動した可能性も否定はできない。解剖学用語では、むろんこの二つを区別しない。また、この例を挙げた藤田恒太郎は、そのように筋を区別することは不当だと考えた。この問題は、既出の血管の同一性の問題と同じである。

に、一定の束として出現する傾向が強い。

こうした例を考えると、位置関係、あるいは対応関係というものが、現実には、なかなかむずかしい問題を含むことが、御理解いただけるであろう。ある解剖学的な構造が、他の解剖学的な構造と同じであるかどうかは、経験的な判断を必要とする。そうした例証を積み重ねながら、解剖学の歴史が過ぎてきた。そして、その同一性あるいは対応関係は、たとえば筋肉の場合、しばしば厳密には決定できない。

ただ、われわれは、静脈よりも筋肉、筋肉よりも神経、といった経験的な信頼性の基準をもっている。したがって、もし二人の人で同じ筋肉が、特定の静脈に関して反対の位置関係にあれば、筋肉と静脈のうち、違った走行をとっているのは、静脈であるという蓋然性が高い。逆に、もしこの筋が、特定の神経に関して反対側にあれば、位置が違っているのは筋肉だ、という蓋然性が高い。

しかしながら、これはもちろん、絶対的な基準でも、論理的な基準でもない。たとえば、神経の位置を基準として、筋肉の同定を行うことがある。それは、神経の位置は、多くのばあい基準として信頼するに足る、という判断があるからである。しかし、同じ筋肉に対し神経の走行が異なることも、ないことではない。それには、かつて藤田恒太郎教授が指摘された例があるので、ここに再録しておこう。

こういうわけで、眼のように、単独の器官としてはっきり取り扱える構造もあるが、血管のように、全体が連続していて、その部分に名称をつけるものでは、個体間、あるいは種間の対応関係には、判断がむずかしい場合がありうる。しかし、基本的な部分、たとえば、第六章であつかう鰓弓（さいきゅう）血管のような場合には、対応関係はより明確である。

4　相似あるいは類比

相同の概念に対立するものとして、教科書によく挙げられるのは、相似あるいは類比、つまりアナロジーである。

これは、本来まったく違ったもの、進化的な相同概念でいえば、起源を異にする構造が、よく類似した形態を示す場合である。

相似を生じる典型的な場合は、機能の要請である。サカナとイルカと魚竜は、水棲に対する適応として、陸棲動物よりも、たがいに体形が類似する。相似がきわめて著しいものを、収斂（しゅうれん）という。

進化学が、特殊相同をみごとに説明したために、相同と相似の説明ではしばしば相同のほうが偉い、という感じがすることがある。相似は、単に外見が似ているだけで、いわば偶然である。本質的な意味はない。とくに形態学者は、そう考えやすいのではないか。

しかし、その感覚は、もちろん誤りである。相似は、生物にとって、きわめて本質的な問題を呈示している。すなわち、同じ機能を前提にすれば、しばしば同じ形態を採用せざるをえない、ということである。すなわち、相似にみられる「構造の一致」こそ、典型的な機能形態、すなわち「機能が形態を決める」例である。違った材料を利用しても、同じ構造を作らざるを得ないからである。

相似の概念を、さらに延長しよう。念頭にあるのは、神経系である。

アナロジーということばは、右のように、生物学的に使われるだけではない。まさに、類比という概念として、一般に用いられる。

神経系は、外界をその中に取り込む。それは、まさしく外界の類比である。私の頭の中には、日常の生活空間が、なぜか「入っている」し、それは我が家の飼猫でも、庭に穴を掘っているモグラでも、同じことである。

われわれが、木を眺めるとき、木が頭の中に、直接入っているのではない。しかし、それはなんらかの「形」で、入っている。その形こそ、アナロジーである。

神経系は、まさしく外界のアナロジーを形成する。したがって、外界と神経系の間には、なんらかの「相似」があるはずである。すなわち、「外界の構造」と「神経系に取り込まれた外界という構造」の間には、ある種の「対応関係」、すなわち相似的な「構造の一致」があるはずである。しかも、神経系の大きな部分は、本来、こうした「外界との対応関係」をつくるために、発生してきたはずである。

これは、まさしく、生物の形態における（相同ではなく）相似と同じことなのである。

図36　相似すなわちアナロジー
水中で泳ぐ動物は、たとえ縁が遠い群であっても、外形が類似してくる。自然は異なった素材を利用して、類似の構造を作る。
さて、ヒトが木を見ているときには、頭の中に「木」の姿がある。この姿は、「木」によく似たところがあるが、木とはまったく違った素材でできている。さらに、木をただいま直接に見ていなくても、木のイメージは保存されている。これらもまた、木のアナロジーと呼んでよいであろう。

私は、「構造主義」が何であるかを知らない。しかし、それは、おそらく、こんなことに関係するだろう、と思っている。まったく無関係と思われるものの間にも、機能の一致によって「構造的対応関係」が発生する。それが、相似の意味である。そして、それは、われわれにとって、きわめて重要な、さまざまな実際的意義をもっている。

第五章　重複と多様性

1　剰余が多様性をみちびく

生物の大きな特徴は、多様性である。つまり、いろいろな生物が、じつにさまざまな形態をもち、さまざまな生活様式をとって、存在することである。これをいちいち調べて、なんとか整理しようとするから、分類学も、比較解剖学も、極端に膨大になる。形態学は、その多様性をあつかう。それでは、多様性の前提になるのは何だろうか。

ここで、剰余性という概念を導入しよう。これは、要するに、余りということである。具体的には、重複といっていい。たとえば、ムカデの体節を、体の途中から抜くことにしよう。もちろん、思考実験である。途中の体節を一つ抜いても、観察者は、まず気がつかないと思う。ミミズであれば、足が無いので、さらにわかりにくいであろう。

この場合、ムカデやミミズの体節は、剰余性を示す。同じものが、多数並んでいればいるほど、さらに、並んでいるものが似ていればいるほど、剰余性は高い。

これが、多様性とどういう関係があるか。当然のことながら、もし生物が自分を保存しながら、かつ多様化したいと思えば、まず重複をつくるしかない。重複したものの中から、適当に一部を変化させればよい。それが結果的に、多様化をみちびく。

進化の過程で、生物は、事実こういう戦略を、とってきたと考えられる。最初に、遺伝子の複製を考えよう。よく知られているように、これは、自己保存的である。二重ラセンを形成したＤＮＡ分子がほどけ、ラセンの片割れが、それぞれ新しく相手を作る鋳型となって、最後に二つのラセンができあがる。これら二つのラセンは、もちろんまったく同じものである。最初の分子をつくっていた、ラセンの二つの片割れは、相手変われど主変わらずで、そのまま保存されている。

こうして、同じものをいくつも作っていけば、そのうちどれかが、偶然変化したとしても、自己保存の原則には反しない。それが、多様性の基礎となっているのは、自明であろう。変化したものもまた、自己を保存しようとするからである。だから、一方では、ヒトが生じる時代になっても、ゴキブリもまた生きのびているのである。

同じ細胞の中で、遺伝子に重複が生じたことが、原核生物から真核生物への進化に、大きな役割を果たした。さらに、一つの個体の中に、細胞が重複したとき、単細胞生物から多細胞生物への進化が、基礎を置かれたことになる。

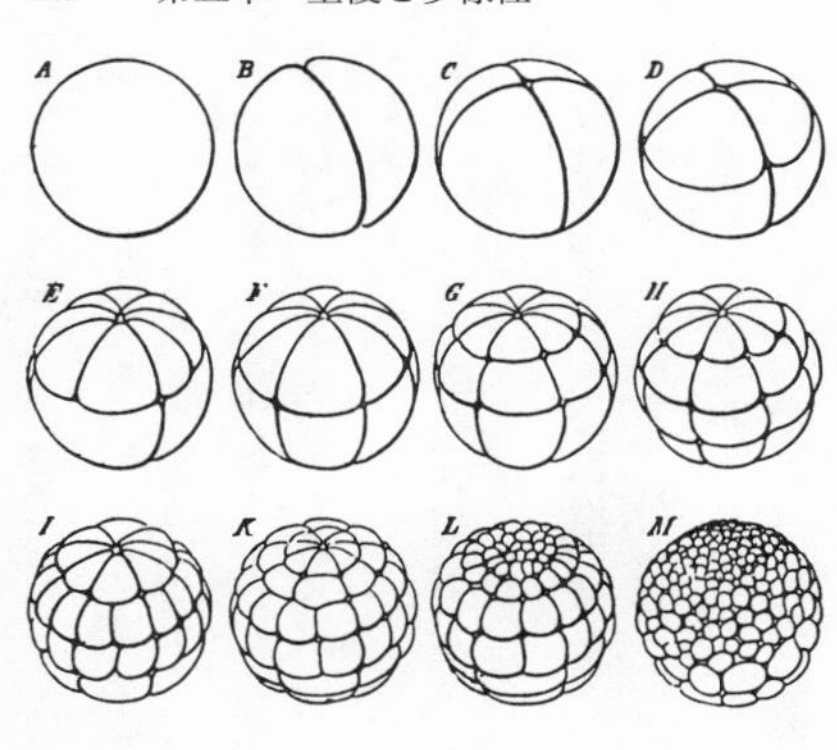

図37　卵割
発生の開始期には、受精卵は急速に特殊な細胞分裂をする。これを卵割という。分裂ごとに、細胞の大きさは小さくなっていく。これも典型的な「重複」の作り方である。図は、カエルの卵割（ヘッケル『人の進化』より）。

われわれの発生の最初期に、卵割とよばれる現象がおこる。これは受精卵がつぎつぎ分裂し、まず細胞の数を増やす過程とみなされるが、ここにも後の分化の前提としての剰余、ないし重複、が著明に現れている。現在では、二つ、あるいは三つの受精卵を、初期に融合させることにより、一個体をつくることができる。こうして出来た個体は、遺伝的に異なった二ないし三個体が混ざっているので、キメラと呼ばれている。複数の受精卵を融合させても、ふつうの大きさの個体が一つできるということは、発生初期には、かなりの細胞の剰余性が、許されていることを意味している。

進化の上で、剰余性が重要な役割を演じている例を、まだ挙げることができる。それは、ヒトの脳である。ヒトの脳は、きわめて大きくなったが、これは動物の脳がもつ部分を、犠牲にして成長したものではない。動物の脳に、剰余が付け加わったものである。付け加わった部分は、構造的にとくに新しいわけではなく、むしろ、やはり余分が増えたのである。しかしながら、それが、人間の文化を生みだした。

こうして見ると、構造に関する剰余性は、進化の決定的段階に、かならず関係している、と考えてもよいのではないか。ただ、どういう剰余が、進化的に有効であり、どれが有効でないかは、大きな問題である。

2 構造の剰余

動物の体を、剰余性の観点から見てみよう。動物のなかで、きわめてよく発展し、種類数も多い二つのグループが、同じ体制を採用している。それは、節足動物と脊椎動物である。これらは、左右対称形を示し、頭部と尾部の区別をもつ。

頭というのは、動物の進行方向の先端に位置する。したがって、ここには、まず食物の取り入れ口、つまり口がある。さらに、ここには、既知、未知との遭遇にそなえて、感覚器官が集合する。感覚器からの情報を処理するために、脊椎動物では、脳も発達する。動物が、その特徴である運動を、有効に行うについては、頭と尾の区別をもった、左右対称体制の発達は、進化上おそらく重要な段階であったと思われる。運動性をもたない動物、あるいは植物では、垂直方向の軸のまわりに、対称性を示すものが多い。イソギンチャクはその例である。

頭と尾の区別は、一本の軸を定める。この軸が定まると、必然的に左右が生じ、これが結果的に、左右対称体制をみちびいた。もし、この中心軸が重複するようなことがあれば、おそらく生物は、二個体に分裂したであろう。したがって、こうした左右方向への重複は、起こったかもしれないが、結果的には問題にならなかったであろう。

動物によっては、まったく違った対称性をもった。ウニやヒトデに見られる、放射対称がそれである。これらの動物は、頭尾方向の対称軸をもたない。この対称を、剰余性ないし重複の観点からみれば、対称軸の数だけの構造が、重複できることになる。ヒトデの足は、そういうものである。この重複は、枝分れにより増加し、ときに無制限に見えるまでに至る。テヅルモヅルの〈足〉がそれにあたる。この動物の学名は、ゴルゴノセファルス・カプートメドゥーサエ、つまりゴルゴンの頭、メドゥーサの頭ということだから、属名も種名も同じことをいっている。

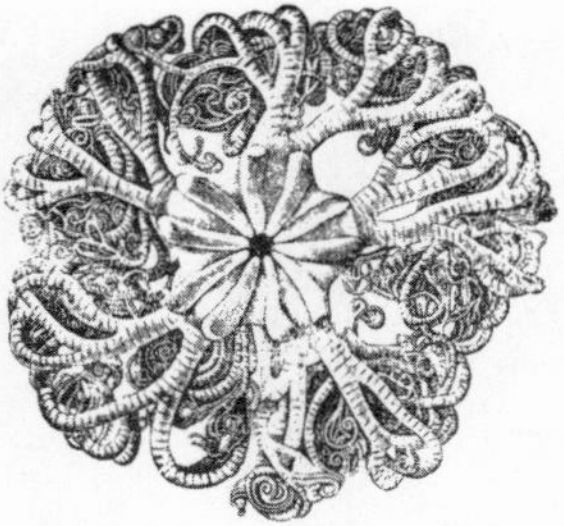

図38　テヅルモヅル
ヒトデがどんどん腕を分岐したと考えればよい。これも重複の仕方の一つである。

放射対称と左右対称の動物は、先カンブリア時代末期に、多細胞生物が最初の大きな適応放散を行ったとき、すでに生じたことが、化石から知られている。

左右対称型の動物では、すこしちがう重複ないし

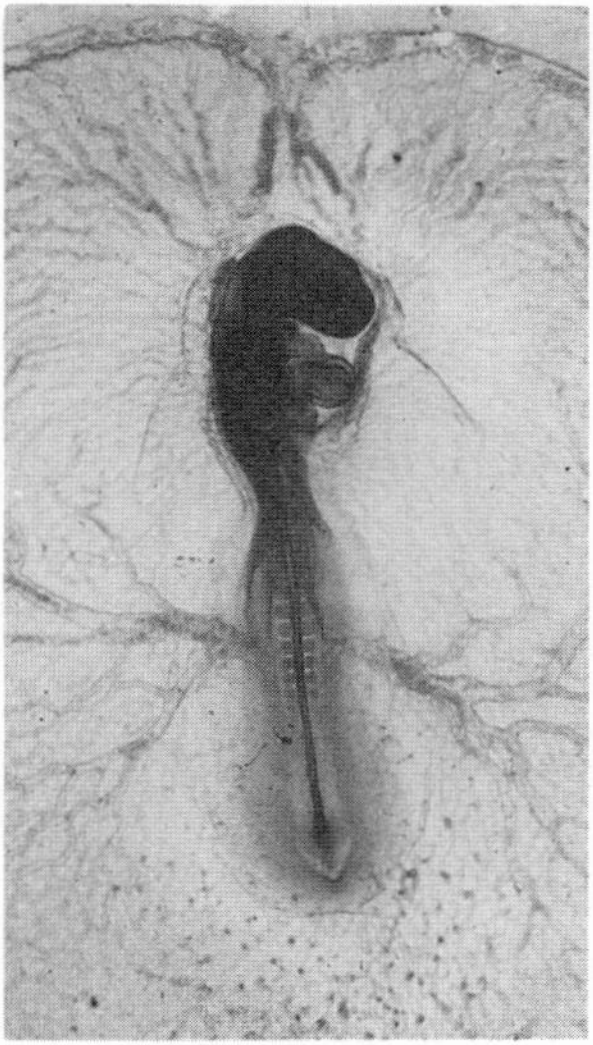

剰余性を示す。通常左右方向については、当然のことながら、対の状態、つまり一つだけ重複がある。それに対し、頭尾方向については、ムカデの足で見たように、多大の重複が許される。これが、節足動物や脊椎動物の示す、体節構造である。すなわち、頭方向から尾方向へむかって、同じような構造の体節が、多数配列する。これが、昔から、こうした動物の基本体型とされている。

ヒトの体が出来あがってしまった状態では、体節構造は脊椎骨や肋骨、脊髄神経の配列などに、その名残りをとどめているにすぎない。しかし、胎生期には、体節はきわめて著明である。前後方向に、多数の体節を重複させ、それを発生のあいだに変化させて、さまざまな

図39　ニワトリ胚にみられる体節
体節はほぼ全身にわたって生じてくるが、頸部から後方へ向かって、発生の進行とともに形成されていく。ここに示す時期では、頸部の体節は構造の重なりのために見づらくなっているが、腹部で明瞭で、さらに後方では不明瞭である。そこでは、これから体節が形成されていく。

構造を作り出していくというのが、われわれの発生の大きな部分を占めている。後に述べるように、体節以外にも、鰓弓や毛のように、脊椎動物の体には、きわめて多くのくり返し構造をみる。

3　剰余性の統御

生物は、剰余をつくるが、剰余というのは、多ければよい、というものではない。生物のもつ経済性から、剰余はふつう節約の対象にされる。この点を、いくつかの例からまず考えてみよう。

（1）眼の場合

左右の重複、見方をかえれば左右対称性、の例として、眼をとろう。節足動物でも脊椎動物でも、たいてい眼は二つ、左右対称に存在している。

もちろん、眼は左右に一つだけではない。節足動物では、両眼の間に単眼をもつものがあり、セミはその典型である。脊椎動物では、中心軸上に松果体をもっている。ニュージーランドのムカシトカゲは、恐竜時代以前の爬虫類の生き残りだが、これは松果体の前身である眼を軸上に一つ、不対性にもっている。この眼は、水晶体と網膜をもつ、れっきとした眼である。したがって、この動物では、眼は三つある。他の脊椎動物でも、この器官は、多少とも光受容機能がある。

しかし、これら余分の眼は、通常われわれが眼とするものにくらべたら、取るに足らないものであり、とくに脊椎動物での松果体は、哺乳類ではまったく眼の機能をなくし、内分泌器官に変化してしまった。これは、多くの剰余器官に起こることを、典型的に示している。つまり、節約の対象となるか、他の器官に転化するか、である。

では、いわゆる眼そのものはどうであろうか。

左右にある眼は、下等動物では、あきらかに視野を確保している。極端な例はミズスマシであり、この昆虫では、左右の眼はそれぞれ二つに分かれ、都合四つある。この虫は水面を滑って運動するため、左右の眼がはなはだしくくびれて、上の部分は空中を、下の部分は水中を見るように、分化したのである。

脊椎動物でも、根本的な事情は等しい。サカナでは、眼はふつう、体の右側の視野と左側の視野を、見るようになっている。したがって、ここでは、視野の重複はない。ウサギでも、両眼の視野は、ほとんど重ならない。ところが、脊椎動物では、ものによって、視野の重複が生じてくる。ヒトはその典型であり、両眼の視野はほとんど重なってしまう。これを両眼視という。トリでは、フクロウがその典型である。だから、このトリは、妙にヒトらしい感があって、子供がしたしみやすく、童話によく登場する。

奇妙なのは、アフリカツメガエルである。これはオタマジャクシの状態では、視野に重複

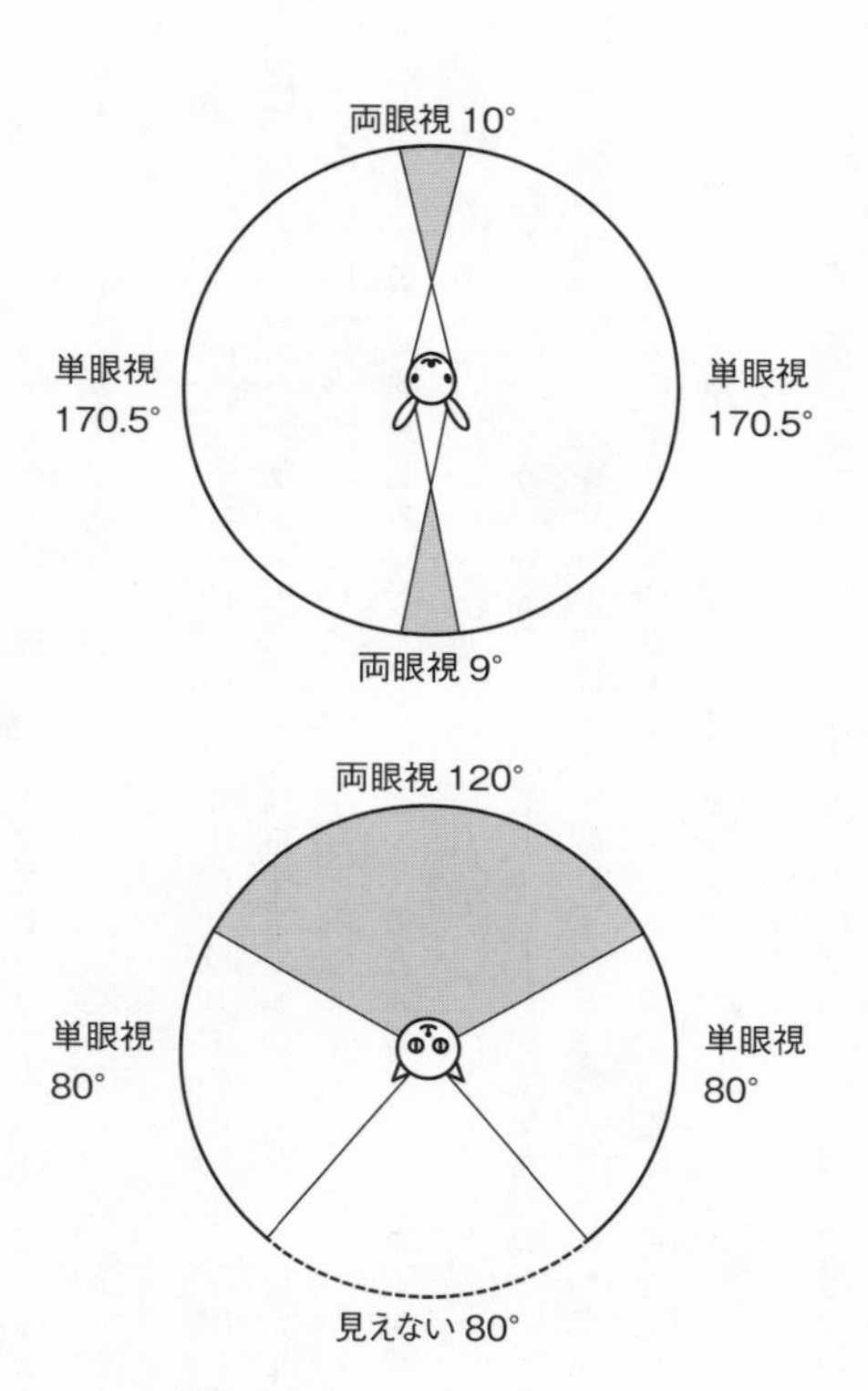

図40　ウサギとネコの視野
ウサギでは、ほとんど両眼視がない。左右の眼は、視野を広げるために使われ、死角がない。これは、ウサギのように捕食者を警戒する動物では、理解できる。一方、ネコでは、かなり両眼視の部分を生じる。ヒトでは、両眼視はさらに著しい。それは、頭蓋における眼窩の形状にも、よくあらわれる。

はない。ところが、親になると、眼は頭の上に寄ってきて、両眼視するようになる。このカエルは、カエルとしては変なカエルで、飼いやすいので生物実験によく使われるが、もっぱら水中に住み、陸に上がることはない。この平たいカエルが泳いでいるところを、上から見ると、見ている方の人間と目が合う。つまり、二つの眼が、平たい頭の上に並んでいるのである。

爬虫類にも、似たような動物がいる。オーストラリアの市場で、子供にせがまれてカメを買ったことがある。バケツに入れて、しばらく家で飼っていた。タラの干物などをやると、よろこんで食べる。ある日、バケツの上からこのカメを見ていて、ハッと驚いた。カメと目が合ってしまったのである。考えてみると、このカメも、頭の上に眼が二つ、並んでいた。

ふつう、カメでは、眼は顔の横についている。だから、上から見て、目が合うことはない。このカメには、もう一つ変なことがあるのに、やがて気がついた。首を引き込むのに、まっすぐ縮めない。首を片側に曲げて、甲羅の下にしまう。したがって、甲の下には、片側にだけ、頭と首を収納する場所がある。のちに、こういう変な特徴をもつカメを、クビナガガメといい、オーストラリアに産することを知った。

眼は、一般には、左右の視野を確保することによって、重複を避けている。このばあい、視覚情報は、一眼の場合より、量的に大きい。両眼視では、視野に関しては、あきらかに重複を生じている。しかし、両眼視によって得られる情報は、質が異なる。それは、たとえば、物の奥行を知覚する。じっさい、ほとんどの動物は、二つの片眼による視野の拡大と、両眼視の両者を併用している。

眼が二つ発生する理由を、私は知らない。胎児に生じる奇形として、単眼症というのがある。場合によっては、生まれるまで、生きのびる。このばあい、眼は一つしか生じず、鼻は眼の上にある。こうした奇形が人目に触れたことから、一ツ目小僧の伝説が生じたかもしれない。「小僧」が名前に付いているところが、それを疑わせる。

こうした奇形が存在することは、眼は、形態形成上は、一つでもよいことを表すようにも思われる。ただ、ほかにも理由があって、二つあると考えざるをえない。

二つが、剰余であるかないかは、眼の場合には明瞭である。ウサギのように、視野の拡大による利得をとるか、ヒトのように、視覚情報の質を高めるか、が違うだけである。動物間での左右の眼の存在は、この観点からは、剰余ではない。ただ、三つめの眼は、造ってはみたものの、しだいに消失傾向が生じた。手塚治虫の「三つ目がとおる」でも、だから三つ目人は、過去に滅びてしまった。

（2）四肢の場合

陸生の脊椎動物のばあい、足は二対、四本ある。したがって、四肢動物という。

肢が二対あるというのは、重複である。ムカデ、ゲジゲジ、ヤスデにくらべたら、どうということはない、という意見もあろうが、進化上あとから出現してきた生物は、多くの点で剰余性を節約してきた。そういう目でみると、四肢にもあきらかに剰余性はみられる、と思う。

四肢の機能は、位置移動、ロコモーションである。ヒトの場合、この機能は（はいはい中の赤ん坊を除き）、もっぱら後肢だけに、限定されてしまった。私が議論しようと思うのは、なぜこういうことが生じたかではない。ヒトの直立二足歩行の起源については、別に長年の議論がある。そうではなくて、こうしたことが生じる前提はなにか、である。

脊椎動物全体を見てみよう。ヘビは、足を省略してしまった。これはかつて、ヘビが地中に潜ったためだ、という考えがある。これには、ほかにも、相当の理由がある。これは、べつとしよう。

前肢は、どうなっているだろうか。イモリ、トカゲ、ワニなどのように、徹底的な四足歩行の動物もあるが、恐竜のように、一見手が余ったものもある。その恐竜からは、トリが生じた。哺乳類でも、似たような現象がみられる。コウモリは、やはり地上歩行性の、四肢をつかう食虫類と近縁である。しかし、コウモリの前肢は、翼にかわった。

すなわち、四肢動物は、基本的に二対の肢をもつが、位置移動に関していえば、前肢の剰余性は、あきらかに後肢より高い。それを、前肢の分化、すなわち多様化が示す。脊椎動物全体をみれば、やむをえず位置移動に利用される後肢より、前肢のほうが多様化する。

ヒトで器用な手が生じたのは、ヒトが直立二足歩行を採用したため、位置移動の手段としての、前肢が余ったからである。同様にしてコウモリで翼が生じたのは、倒立したため、やはり前肢が余ったからである。あるいは、そうした剰余性が、前肢の分化の前提になった、というべきであろう。

哺乳類のなかで、カンガルーは、きわめて特異な体型を示す。大型の草食動物で、カンガルーに似たものは、真獣類の中にはない。一般には、よく知られるように、カンガルーを代表とする有袋類は、真獣類によく似た適応放散を示す。すでに滅びてしまったが、オオカミにそっくりなフクロオオカミ、あるいはフクロネコ、フクロアリクイ、フクロムササビ、等々。カンガルーは、その例外である。フクロナントカ、のナントカに相当する動物がいない。カンガルーでも、前肢は余って見える。

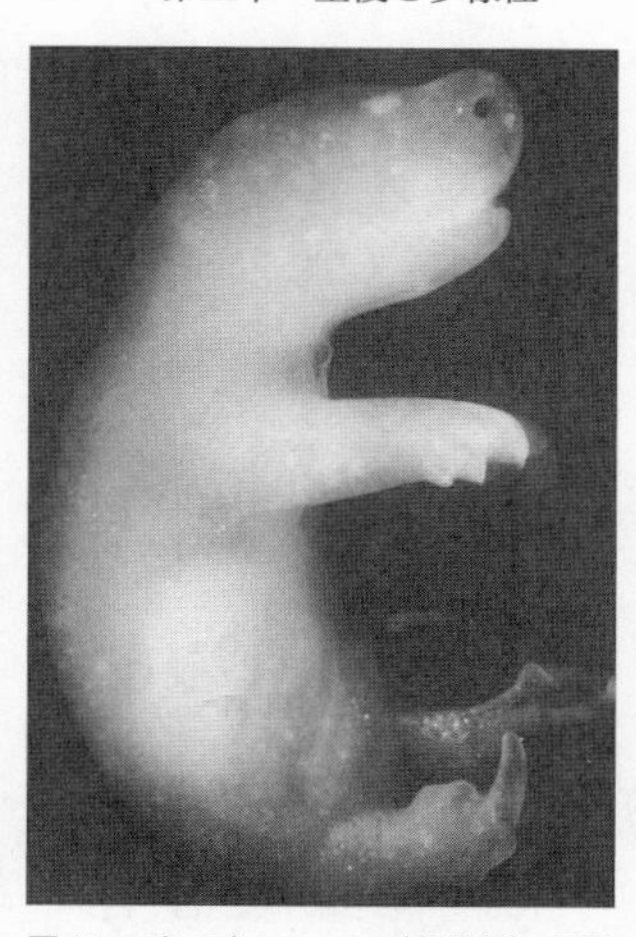

図41　バンディクート（有袋類）の新生児

カンガルーの仲間は、きわめて頼りない状態で生まれるが、前肢を使い、自力で這って、母親の袋に入る。その時期の胎児をみると、前肢の発達が後肢にくらべて著しくよい。太く長く、すでにツメが生えるが、後肢ではまだ指も分かれておらず、ウチワ状に見える。

その理由は、はっきりしていない。しかし、有袋類には、きわだった性質がある。それは、子供がきわめて小さい時期に生まれ、自力で母親の腹を這い登って袋に入る、という点である。この時期の子供は、真獣類でいえば、胎児に相当する若い、小さな個体である。

この時期のカンガルーの子供を観察すると、大きな特徴がある。母親の腹を登るためか、前肢の発達がきわめてよく、前肢にはすでに、小さなツメが生えている。後肢の分化は、これに比べて、ずっと遅れている。前肢のこうした早期の機能が、きわめて発達するなら、この前肢は、幼生器官とでもいうべきものであろう。つまり、胎児の時によく発達し、のちにあまり使われなくなる器官である。胎生期によく機能する器官は、後の発達が、相対的に悪くてもおかしくない。後の分化の可能性が、なんらかの意味で、せばまるかもしれないからである。だから、大器晩成というのである。

カンガルーの前肢の、一見した剰余性は、右の理由で生じた可能性が大きい、と私は思う。そう思って見ると、有袋類では、前肢の小さい種が多い。

恐竜の前肢が余ったように見える理由は、いまのところ皆目わからない。これが、トリの進化とからむことは間違いない、と考えているのであるが。

第六章　純形態学

1　形だけを扱う

どんな学問でも、はじめのうちは未分化である。形態学も、歴史のはじめは未分化だった。

ウィリアム・ハーヴェイは、十六世紀の解剖学者である。ハーヴェイは、血液循環の原理の発見者として有名だが、いまでは、循環を扱うのは生理学である。その意味でいえば、ハーヴェイは生理学者だといわねばならない。それでもかれは、自身を解剖学者だと考えていたし、著書『動物の心臓ならびに血液の運動に関する解剖学的研究』の表紙には、「侍医兼ロンドン王室医科大学解剖学教授」と書いている。

のちに解剖学固有とされた領域では、ハーヴェイはさして有名ではない。実際の解剖で、ハーヴェイが知られているのは、パーじいさんの解剖をしたことである。パー氏は、ウィスキーのオールド・パーのラベルになっている人物である。当時、長寿かつ子孫が多い人として、有名だった。もっともイギリスでは、解剖学と生理学の分離が遅く、ロンドンの『解剖学・生理学雑誌』が、『解剖学雑誌』と『生理学雑誌』に分かれたのは、ようやく一九二〇年代のことである。

どんな分野でも、話があるていど進んでくると、自分たちの領域だけで議論を済ませたくなる。それが人情である。第一、別の領域の結果にわずらわされず、余計なことを考えずにすむ。これがすなわち、専門家の発生である。ハーヴェイは、解剖学が専門家の持ちものに分化する以前の人であった。

形態学では、そうした専門化の結果、まず出来あがってきたものが、純形態学である。むずかしく言うなら、先験的形態学である。たとえば、その代表は、フランスの比較解剖学者エティエンヌ・ジョフロワ・サンティレール（一七七二—一八四四）である。ジョフロワは、わが国では、ダーウィン以前の進化論者として知られる。キュヴィエとジョフロワの論争は、わが国でもよく知られている。ゲーテが注目したことが、エッカーマン『ゲーテとの対話』に述べられているからである。この論争は、キュヴィエに分があった。

ジョフロワは、あらゆる動物の形態を、統一的に理解しようとした。いまでも、形態学はそれを目ざしていると言えないこともないから、これは決してつまらぬ目標ではない。ただ、それが現実に可能であるか否かは別である。

ジョフロワは、すべての生物は唯一の基本設計の上に作られる、と考えた。ゆえに、自然は新しい器官を作ったりはしない。すべては基本型の修飾によって生じる。これを言いかえれば、第一に、あらゆる生物は（各要素の具体的な表現はいささか異なっているとしても）、ともかく同種の構成要素からなる。第二に、これらの要素の組み合せ方、つまり設計は同じである。

こうした考え方は、西欧の哲学史からすれば、とくに新奇なものではない。これを、プラトン以来の思想の流れとみなす人は多い。比較解剖学における最初の系統的思考は、おそらくこの伝統から生じた。

あるイデアが、現実に投影されたものが、それぞれの生物という存在だとすれば、その投影像には、さまざまな、おそらくは考えられるすべての変異を含む。アメリカの哲学者、アーサー・O・ラヴジョイは、これを「充満の原理」と呼んだ。この原理は、同時に、かれが連続の原理と呼ぶもので補強される。連続の原理は、アリストテレスの有名な、「自然は跳躍しない」という考え方に通じる。これが、ほんとうにアリストテレスの言い分かどうか、はっきりしない。ともかく、古くからの格言だったらしい。アリストテレスのせいにされることは、西洋では多い。

十九世紀の博物学にとって、生物界は、「充満」および「連続」の、二つの原理を充たすものとして考えられた。ゆえに生物界は、基本的設計を共通した、しかもその設計上考えられる、すべての型を含んで存在している。これがやがて、進化説の成立とともに、共通の祖先という時間的な像に置きかわるのだが、それは後の話である。

たとえば、ラヴジョイは、ロビネーを引用する。

有機的すなわち動物的存在の可能な在り方は只一つしかなかったが、この在り方は、無数に変化することができるであろうし変化しているに違いない。その形態がものすごく多様でありながらその中に維持される基本的な型または在り方が、存在の連続または漸次移行する系列の基礎である。すべては、互いに違っていて、しかもこの違ったものはすべて原型の当然の変種であり、この原形はすべてのものを産出する要素と見なされなければならない。（『存在の大いなる連鎖』）

ここで表現されている、原型ないし原形という観念は、のちの比較解剖学に大きな影響を与えた。たとえばゲーテの比較解剖学は、この原型、あるいはかれの表現に従えば、原像という観念の上に成立している。

ジョフロワは、かなり極端にこの原型を追究した。なにしろ、すべての生物を、一つの基本型から導こうというのだから、議論はかなり面白いことになる。ジョフロワの論敵であった、当時の偉大な常識家、比較解剖学者、古生物学の祖、キュヴィエは、動物をたがいに基本的構成の異なる四群に分けた。それらは、現在の脊椎動物、節足動物、軟体動物、およびウニなどを含んだ、放射状動物である。キュヴィエもむろん、原型、つまり動物体の基本設計の一致を否定しなかったが、すくなくともこれらの大区分を超えてまで、設計の一致を主張するほど、非常識ではなかったのである。

一方、ジョフロワは、節足動物と脊椎動物の設計の一致を発見した。つまり、両者ともに、基本的には、骨格をもっている。ただし節足動物は、いわばその骨格の中に棲みついている。つまり、これらの動物は、「外骨格」をもつ。筋や内臓はその骨格の中にある。他方、脊椎動物は骨格の外に棲みつき、したがって、筋や内臓は骨格系の外にある。つまりこの動物群は、「内骨格」をもつ。

ジョフロワのこうした考えは、エビの殻の構成が、ヒントになっている。かれは、エビの殻と、脊椎動物の椎骨を、たがいに対応する同種のもの、すなわち相同のものとみなした。たまたまエビの殻は、体節ごとに四つの部分から成っており、椎骨もまた、四つの骨化点をもつことが、当時知られたからである。ここまでくれば、あとはなんとかなりそうである。節足動物の足は、脊椎動物の肋骨に相当する。そうかれは考えた。

しかし、それでもまだ具合が悪いことがあった。消化管と神経管の相互の位置が、この両者では、背腹反対になっている。ジョフロワは、この点を簡単明瞭に解決した。節足動物あるいは脊椎動物のどちらかが、腹を上にして泳げばいいのである。

この辺までは、牽強付会（けんきょうふかい）といっても、ありえない程度ではない。ジョフロワも、ひょっとするとキュヴィエですら、そう考えたかもしれない。しかし、具合が悪くなったのは、ジョ

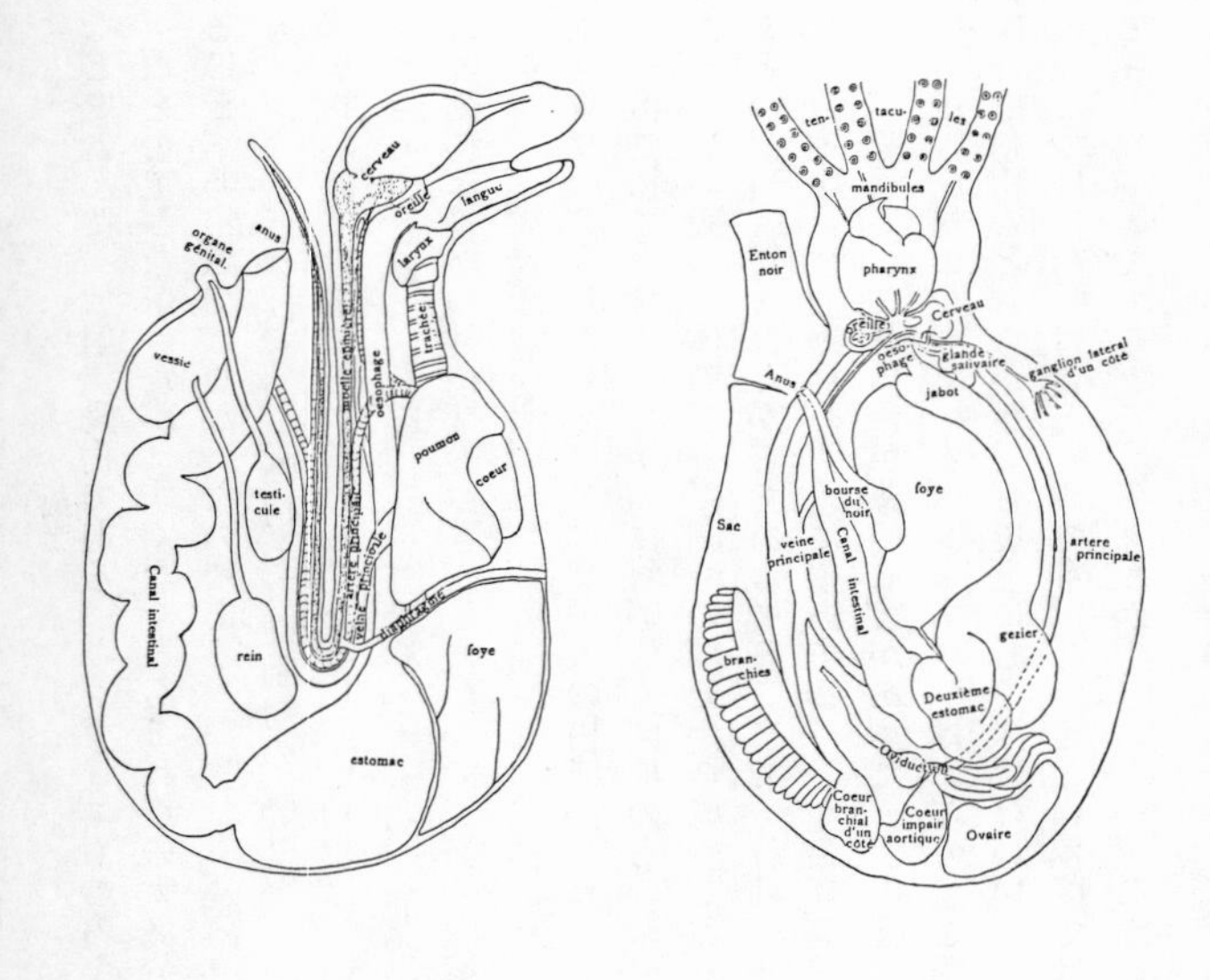

図42　背側に二つ折りした哺乳類（左）と、頭足類との、解剖学的な比較
ジョフロワたちの主張に反論するため、キュヴィエが用意したもの。頭と足の位置はなんとかなるが、内部構造の位置関係がどうにもならない。

フロワの弟子たちが、軟体動物の体と脊椎動物の体を、同様にして対応させよう、と考えたからである。かれらは、脊椎動物の体を、ヘソのところで背中側に二つ折りにする、という模式図を考えついた。こうすれば、イカやらタコやらの内臓の位置関係が、脊椎動物のそれとなんとか一致するだろう、というのである。

話がここまで来た段階で、キュヴィエが乗り出した。キュヴィエは、二つ折りなら、四つ折りの方がまだましだ、ということを、徹底的に論証してみせた。

これが、すでに述べた、有名な論争である。本来の主題に関しては、当然キュヴィエの旗色がよかったということは、ほとんどの史家の認めるところである。やはり、タコと脊椎動物では、解剖学的な構成の一致というのは、いくらなんでもむずかしすぎた。

2　原型としての鰓弓血管

やがて進化論の普及とともに、原型という観念は、共通の祖先という、類似の、しかしより実体的な、観念に置きかえられる。脊椎動物には、全体を通じる基本設計がたしかにある。しかし、それは共通の祖先をもつためだ、というのである。

しかし、解剖学では、なにはともあれ、そうした基本設計の存在そのものを示す必要がある。ただ似ているではなく、どこがどう似ており、祖先型をどう変化させれば現在型が得られるかまで、確定する必要がある。そのうち、成功した、実用性が高いモデルを一つ、挙げておこう。

それは、鰓弓（さいきゅう）血管である。鰓弓は、脊椎動物一般に、胚に、つまり発生のわりあい初期に出現する。これは、サカナでは成体で鰓（えら）をつくるが、陸に上がった動物では、とうぜん鰓は不要になるので、別な構造に転化し、耳の一部や、胸腺、上皮小体を生じる。鰓弓は単数ではなく、複数生じるから、慣習的に前方から番号をつけて呼ぶ。

胚の各鰓弓は、その中に構成要素として、かならず神経と血管と軟骨を含む。このそれぞれが、やはりさまざまな形で将来使われるが、いまここで問題にしようとするのは、その血管、すなわち鰓弓動脈である。

われわれの体では、大血管のかなりの部分が、発生上この鰓弓動脈に由来する。それはすなわち、大動脈弓とそこから発する、総頸動脈、鎖骨下動脈、肺動脈などである。

鰓弓は、脊椎動物では、基本的に六対存在したと考える。これは、六つの鰓をもつ、古代の動物が見つかったからではない。さまざまな脊椎動物の形態を、統一的に理解するには、こう考えるのがもっとも具合がいいからである。

この鰓弓のそれぞれが、一本の鰓弓動脈をもつ。ゆえに、鰓弓動脈は全部で六対ある。これらの鰓弓動脈は、消化管の腹側にある腹側大動脈と、消化管の背側にある背側大動脈の間をつなぐ。腹側大動脈は心臓から出てすぐの大動脈部分で、元来は有対とされ、背側大動脈は、頭方では有対だが、鰓弓領域より尾方では、左右が合流して一本となる。それらを図に示したものが、比較解剖の教科書でよく見る図である。

さて、この鰓弓動脈系では、進化あるいは発生の過程で、多くが退化し、一部が大きくなって残る。われわれの体では、六対のうち左側の四番が大動脈弓を形成する。六番は途中までが用いられて肺動脈をつくる。その左側は、途中まではなく、全部が利用されるが、それは胎児期のみで、肺動脈になる部分よりも遠位の部分が、動脈管、つまりボタロー管となり、肺が機能していないあいだ、肺動脈と大動脈の間に近道を形成する。さらに、右の四番は、右の鎖骨下動脈の基部をつくり、三番は左右ともに頸動脈となる。一、二、五番は、左右ともに退化してしまう。

この説明は、はじめての人には、きわめてややこしく感じられるかもしれないが、わかってしまえば、単純なものである。にもかかわらず、この左右対称の六対の鰓弓動脈という模式図は、脊椎動物における大血管のようすを、原型からの変異として、すべて説明してしまう。

この模式図は、脊椎動物の成体間の違いにあてはまるだけでなく、たとえばヒトに見られる大血管異常、つまり発生上の奇形もまた、多くの場合に、原型からの変異としてうまく説明する。

具体例をあげてみよう。

まず、大動脈弓である。ヒトでは、左の四番がこれをつくるが、爬虫類と鳥類では、大動脈弓となるのは、右の四番である。左の四番は、それでは、この種の動物ではどうなるか。

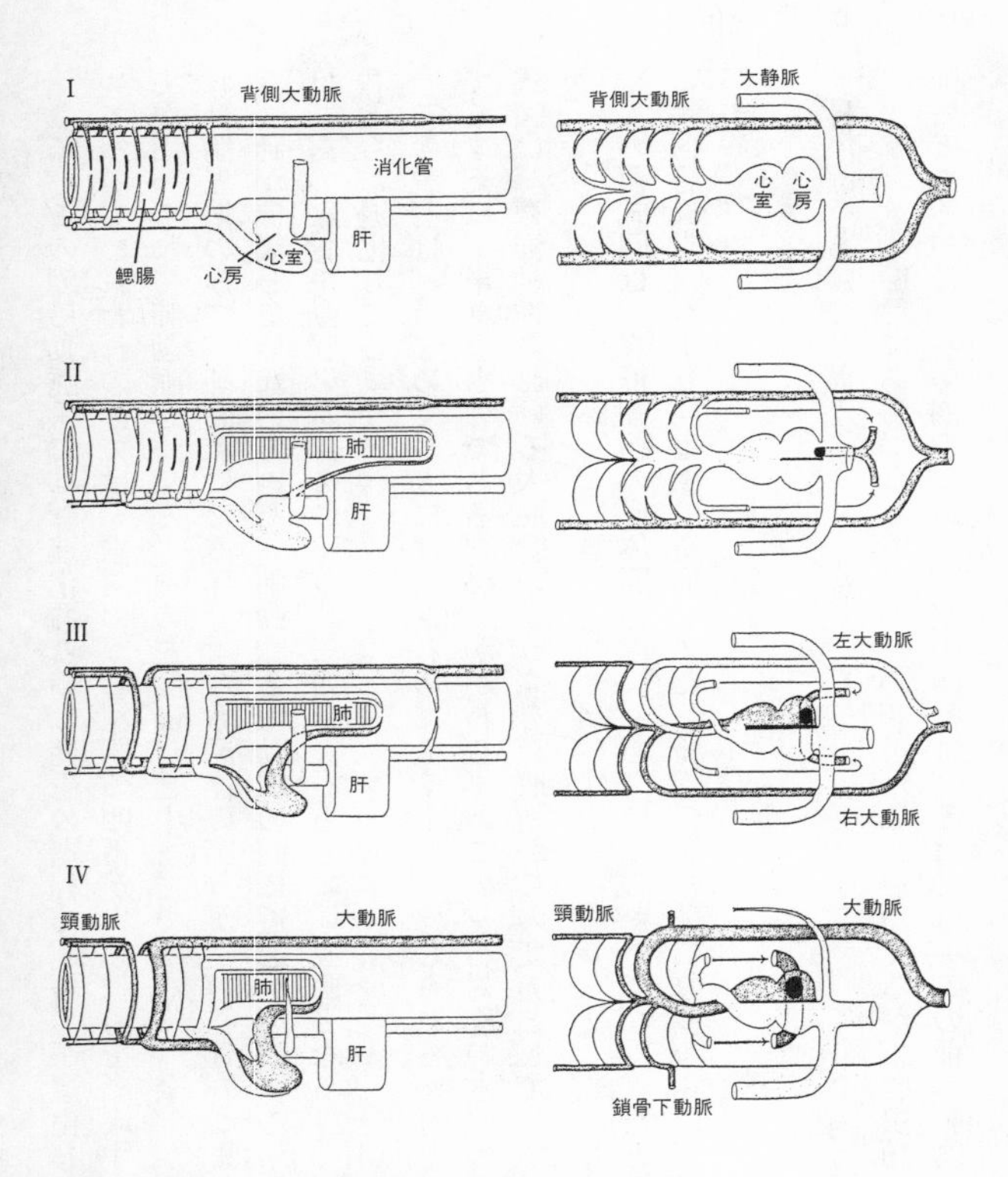

図43-A　鰓弓動脈と関連領域の進化（三木成夫、改変）
古生代の魚類（Ⅰ）から、両生類（Ⅱ）、爬虫類（Ⅲ）を経て、哺乳類（Ⅳ）に至る変化を模式的に示す。考え方を集大成したもの。
中央に消化管を筒として描き、肝と肺とをその付属物として示してある。魚類、両生類で鰓腸に見られるスリットは鰓孔。基本的には（Ⅰ）、6本の鰓弓動脈が背腹の大動脈を連結する。背側大動脈は頭方で有対、尾方では無対。左のシリーズは横から見たところ、右のシリーズは腹側から見たところ。動静脈血のちがいは、濃淡の差で示してある。

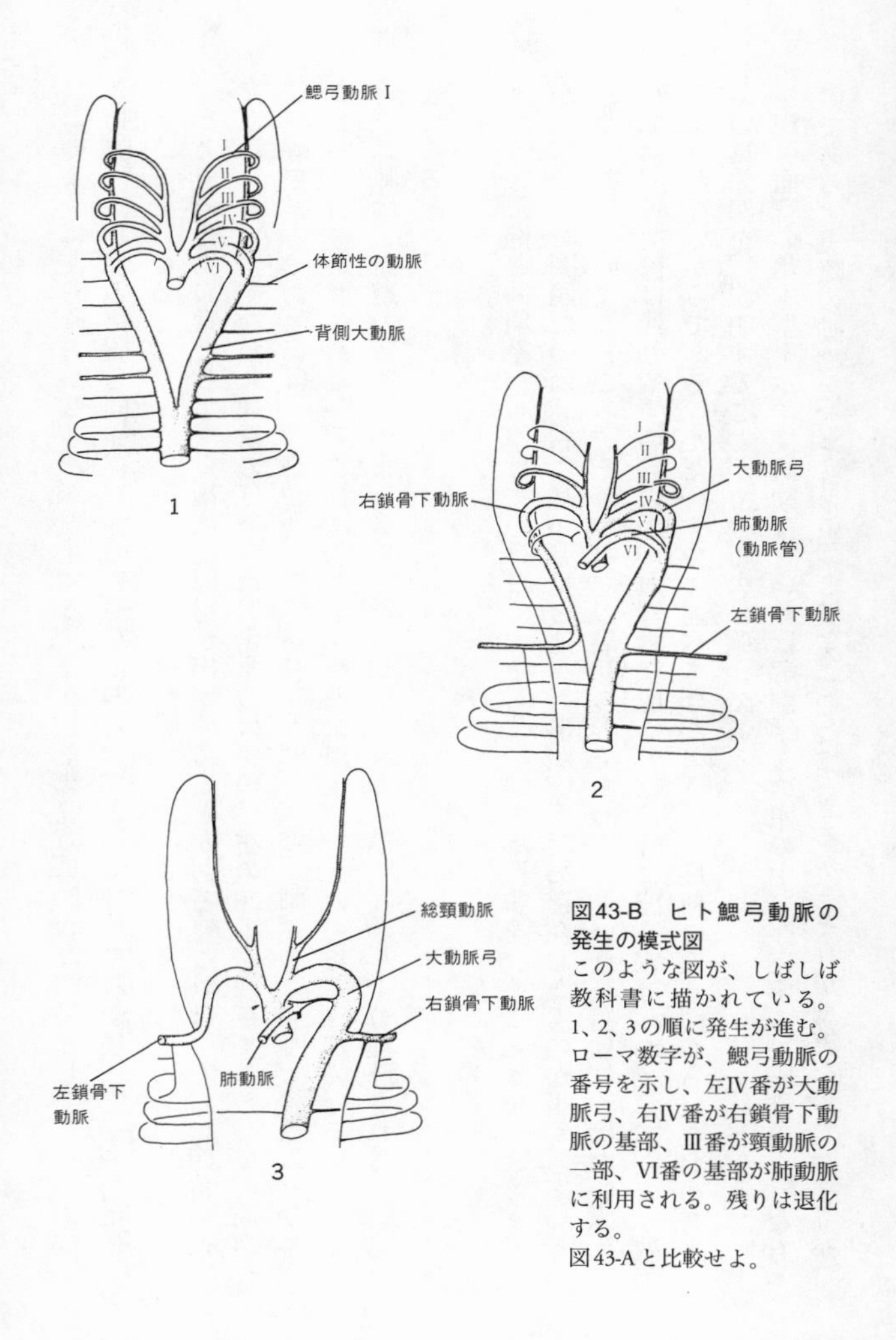

図43-B　ヒト鰓弓動脈の発生の模式図

このような図が、しばしば教科書に描かれている。1、2、3の順に発生が進む。ローマ数字が、鰓弓動脈の番号を示し、左IV番が大動脈弓、右IV番が右鎖骨下動脈の基部、III番が頸動脈の一部、VI番の基部が肺動脈に利用される。残りは退化する。

図43-Aと比較せよ。

ワニのように左右両方が残るか、退化する。こうした状況の具体的な結果として、ヒトでは大動脈弓は心臓の位置と同様、脊柱のやや左にあるが、鳥類では、それが逆に、やや右に位置することになる。

ヒトでの発生異常として、重複大動脈弓が出現することがある。これは、左右の四番の保存されたもの、すなわち通常のばあいは退化するはずの、右の四番が残存するとして、簡単に理解できる。あるいは、「大動脈の最終枝としての右鎖骨下動脈」という、はなはだややこしい名前の奇形があるが、これは似たような現象が生じたものである。このばあい、右鎖骨下動脈は、食道の背側、つまり後ろを通るが、これも、模式図から十分理解されるできごとである。

こうした例を循環系から挙げていけば、おそらく一冊の専門書を書くことができよう。しかし、ここで問題なのは、右に私が原型と述べた形が、現実に存在したものか否か、ということである。いまのところ、それが祖先の最初の形であった、という証拠はじつはない。化石では、骨や歯は残りやすいものの、血管の状態などは、骨に開く穴はべつとして、まず残りようがないからである。ただ、すでに述べてきたように、最初の模式図から、きわめて多くの具体例を、説明することができるのは確かである。

鰓弓血管の基本型を示す模式図は、いわば解剖学者の頭の中に存在する、座標のようなものである。実際の動物に、それを当てはめることはできるが、それが真実を示すかどうかを、われわれは確認できない。ただ、生物の形態はきわめて複雑であるのが普通なので、ここまで多くの材料を整理できる仮説は、真実ではないか、と形態学者は考える。

別な表現をすれば、右の模式図は、比較解剖学が発見した、経験的な公式である。この公式は、現実に存在する、さまざまな動物の大血管系を具体値としてもち、さらに、いくつかの奇形を予想値としてもつ。この公式が、もし他の定理系から導かれるようになれば、もうすこし別な形態学が開かれるであろう。それまでは、この公式は、経験則として、保存しておくほかはない。

この公式から、現実の血管系を整理することのほかに、なにか考えられることがあるだろうか。

哺乳類が左大動脈弓で、爬虫類、鳥類が右大動脈弓であることは、進化上、ある点を示唆する。現存する爬虫類のような動物が、哺乳類の祖先であることは、考えにくくなるからである。一般に哺乳類の祖先は、爬虫類だという言い方をするが、哺乳類の祖先型となる爬虫類は、現生の爬虫類の祖先とは異なり、おそらく、左優位の大動脈弓をもっていたであろう。大血管系のような基本的性質が、そう簡単に変換するとは考えにくいからである。換言すれば、血管系に関するかぎり、現生型の爬虫類から、哺乳類をみちびくことはできない。

いくつかの解剖学的な性質について、右の鰓弓血管系のような模式図を考えることができる。それは、原型といってもよいし、祖先型といってもよい。しかし、すでに述べたように、こうした「型」は便利なものではあるが、それが正しいとか正しくないとかを定める、明快な基準はとくに存在しない。ただ、つねにより多くの性質を包含できる模式図が、おそらくより正しいであろう、といえるだけである。

これはまさしく、状況証拠のもつ性質である。比較解剖学は、しばしば、きわめて多くの状況証拠を積み重ねてきた。鰓弓血管系に匹敵するような模式図の他の一つは、第九章で述べるライヘルト・ガウプ説である。これは、哺乳類の中耳の骨が、爬虫類のあごの骨に対応することを述べる。

原型という観念に発する歴史的な考えに、問題があるとすれば、原型は、つねに、すべてを含まなくてはならない、ということである。鰓弓血管の模式図の最大の特徴は、構成要素の欠損はあっても、追加がないことである。ジョフロワが、「自然は新しい器官などというものは創らない」と言ったとき、それを意味していた。好き勝手に追加できたのでは、模式図はその最大の効果を失う。

しかし、進化は、当然のことながら、多くの新しい性質を生んだ。古典的な比較解剖学の模式図は、その点に最大の欠陥をもつ。それは、すでに完成したものを記載する方法であり、予測するものではない。もちろん、われわれはその限界を考慮して、十分これらの模式図を利用できる。しかし、古典的な比較解剖学が、学としての勢いを失ったのは、それが、こうした完成型のみを扱う態度を示すことで、いわば閉じた学問体系に変化していったことも、あずかっているのではないかと思う。

考えてみれば、鰓弓血管の模式図は、他の部分とちがって、成功する理由を、はじめから持っていた。なぜなら、脊椎動物の祖先は、はじめ海中に住み、鰓をもっていたが、やがて上陸したからである。陸に上がった脊椎動物に、もはや鰓は不要である。もちろんそれを、他に転用することはできたし、事実そうしているが、鰓の数をそれ以上増やす動機も利益も、なかったのであろう。したがって、鰓に関するかぎり、脊椎動物は、もともと持っていた以上の数を、のちに作り出す必要は、おそらくなかった。だから鰓弓血管の模式図は、たまたますべてを含むことになったのであろう。

3　数学的な形の取り扱い

幾何学でよく御存知のように、数学もまた、形を扱う。したがって、解剖学の最初期に、ステノあるいはニールス・ステンセン（一六三八―一六八六）が、解剖学を幾何学として編成しようと考えたというのは、無理からぬことでもある。

ステノはデンマークの人で、生計のために医学生になったが、二十二歳の時すでに、ヒツジの頭を解剖して、耳下腺の導管を発見した。これは、のちに「ステノの管（ステンセンの管）」と呼ばれることになる。ステノは実際には、臨床医にはならず、医学では、もっぱら基礎的な解剖学を研究した。しかし、その期間は数年といわれており、短い間に大きな業績をあげた。その後、かれの興味は地質学、古生物学へうつり、さらに残りの生涯のほとんどを、カトリックの聖職者としてすごすことになる。

ステノの仕事のなかに筋肉に関するものがある。

「心臓を、よく太陽であるとか王であるとかとみなして、重視するが、よく調べてみればそれは、筋肉以外のなにものでもない」

とステノは言う。

アリストテレス、ガレノス以来の医学では、心臓は魂なり、動物の精気なりが宿る部位であった。デカルトも、ステノの生まれる前年に出版された『方法序説』の中で、

「心臓内には身体の他のいかなる場所におけるよりも高い熱のあること、最後に、この熱は、一般にすべての液体が非常に熱い容器に一滴ずつ落とされるときのように、血のしたたりが心室にはいればたちまちこれを膨張させる力のあること、これらのことに注意していただきたい」

と述べる。これにくらべたら、ステノの表現は、はなはだ現代的、科学的で、身もふたもない。かれはニュートンと同世代であり、思考はあきらかに機械論的だった。

ステノは、筋の作用は、腱ではなく、筋繊維にあること、また心臓には筋以外のなにものもないことを、よく知っていた。かれは筋が収縮時に、体積を変えるかどうかに興味をもち、筋繊維を平行六面体とみなして、幾何学的に議論を進めた。こうした点では、かれの議

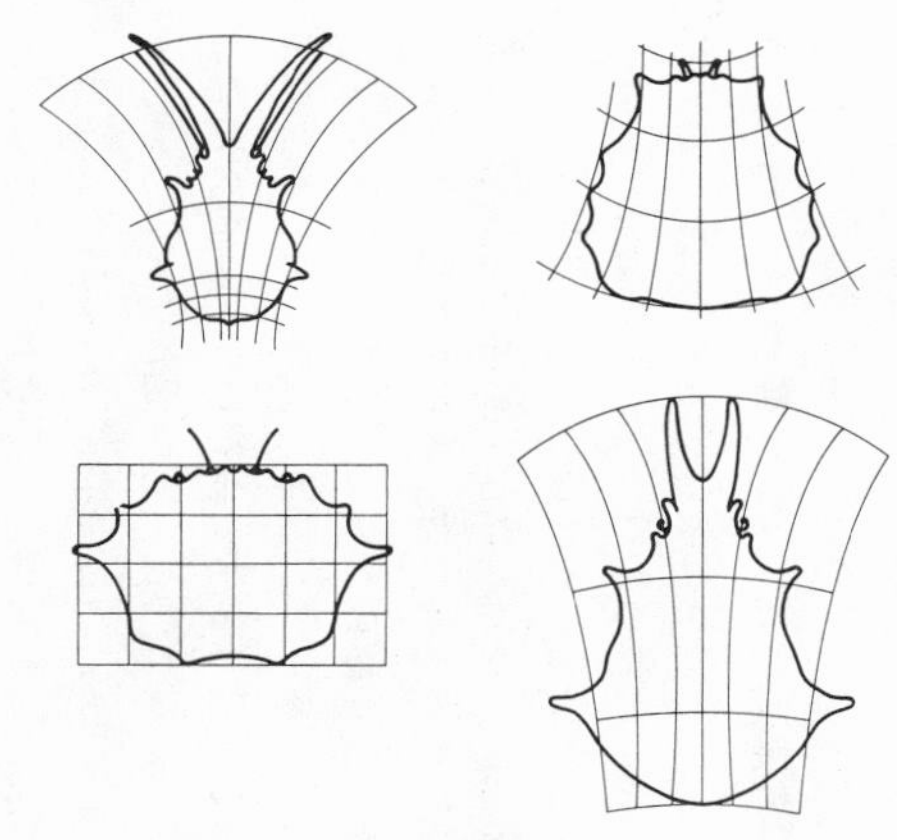

図44　デカルト座標によるカニの比較
トムソンはこうした方法でいくつかの動物の外形を比較した。

論は、のちのダーシー・トムソンにはなはだ近い。

ダーシー・トムソンの有名な著書、『生物のかたち』は、一九一七年に初版が出された。この書物は、生物の形を純粋にあつかうが、そのやり方は、数学的な考察である。トムソンは、形態学を数学の上に基礎づけようとした、典型的な人物である。「数学の秩序によらなければ何者も存在しないし、何事も起こらない」と、かれはある数学者の言を引用している。

たとえば、トムソンの扱った相対成長の問題は、きわめて興味深い。トムソンは、さまざまな生物の外形を、デカルト座標の中においた。もし、どれかを基本形と考えるなら、他の種は、基本形の歪み、すなわち座標の歪みとしてとらえられる。成長の場合もまったく同様であり、胎児の顔は、こうした座標の操作により、成人の顔に変換できる。このばあい座標の歪みは、成長時における、各部の成長率のちがいを反映する。

実際に、こうした操作を行ってみると、座標に生じる違いははっきりしているが、それを生物学的な言語に置き換えなければならない。さもないと、何のことやらわからない、と言われてしまう。そこに難点があって、いまでもあいかわらず、デカルト座標で表示された図を見かけるが、ただ「面白い」で終わっているのが現状ではないかと思う。

トムソンは、構造を力学的な観点からも扱おうとした。これは、次章に述べる機械論的観点である。これを、とくに数学的な観点から分ける必要はない。数学的な観点を、トムソン自身、機械論と呼ぶ。ただ、長くなるので、ここでは一応、章分けしておく。

トムソンの数学は、ほとんどが古典的な幾何学の範囲にはいる。物理的な機械論を用いる場合でも、古典力学が主であった。ただ、かれが論じているもののうち、私が自分で解答を求めて悩み、トムソンの書物に教えられた例をあげる。それは、イルカの頭蓋の非対称性についてで、ここではトムソンは、直接には数学を応用していない。

イルカの頭部で、もっともいちじるしい非対称性を示すのは、イッカクである。イッカクの雄は、右の歯が一本、非常に長く伸びる。イッカクの歯は、じつはこれ一本である。この牙は、左巻きのラセンを巻く。

イッカクの奇形で、たまに左右とも、この牙が伸びることがある。ふつうの動物なら、むしろこの方があたりまえだが、そこが「イッカク」である。ところで、この二本が、どちらも左巻きのラセンを巻く。これがたいへん、私には不思議だった。生物学的には、頭部の構造物はたいてい、左右対称性を示す。左の角が左巻きなら、右は右巻きである。

もともと、イッカクの頭は、歯に関して、非対称である。だから、本来右の歯しか伸びないものが、まちがって左も伸びる場合、左ではなくて、右が生じる。つまり、同じ側のみが重複する。そう考えてみたが、いまひとつ、納得がいかない。

歯の分子構造が、ラセンの巻きを決める、とも考えてみた。生物が利用できるアミノ酸

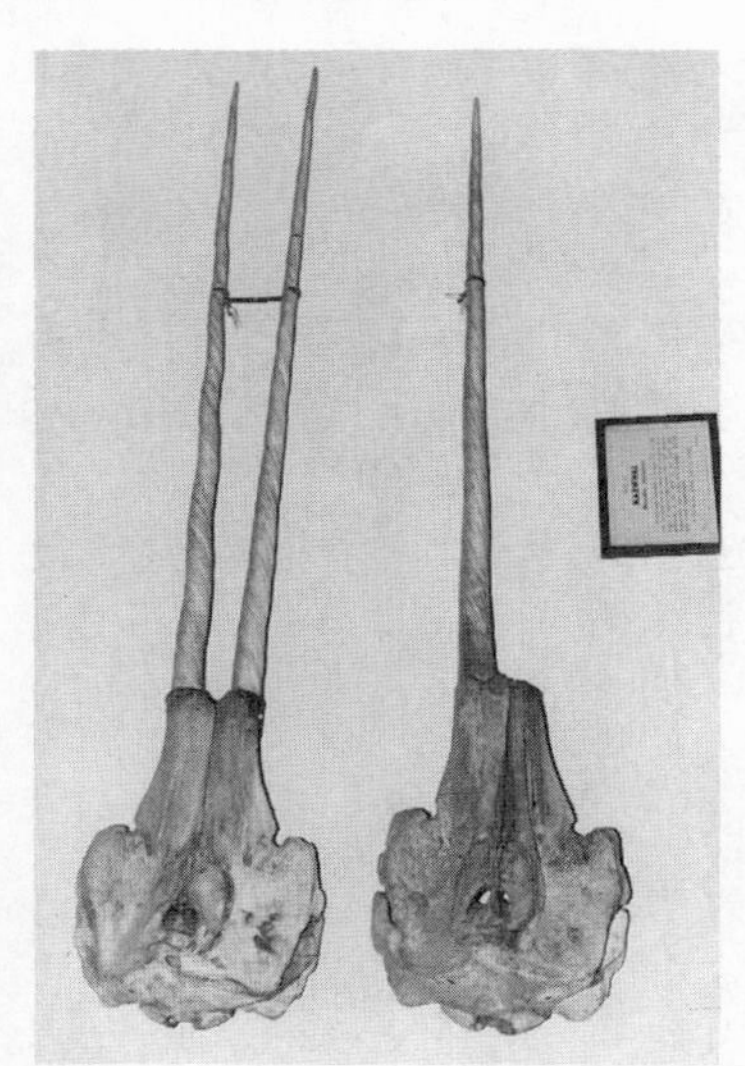

図45　イッカクと「ニカク」
正常のイッカクは右のような頭骨であるが、ときに左のような「ニカク」奇形を生じる。その場合のラセンの巻きに注目せよ（神谷敏郎氏撮影）。

は、L－アミノ酸だけである。しかし、それなら似た例、つまり右なら右巻きだけしかないという構造が、ほかにまだたくさんあって、よさそうなものである。

トムソンの議論は、力学的なものであった。イルカは、水中を泳ぐ。そのさい、体をくねらせて、頭から尾の方に向かう波をつくり、その反作用で前進する。この運動の反作用として、イルカの体を軸のまわりに回そうとする、回転モーメントが生じる。

イッカクでも、この反作用は、同じく生じる。ところで、イッカクの体と牙は、反作用による回転のさい、完全には同調しないであろう。牙は根もとで支えられているだけである。そこで、歯の成長時に、たえず牙の根もとに回転力がかかる。ゆえに、牙にネジ模様を生じる。

これは、私が考えたラセンの成因とは、きわめて違う見解である。トムソンは、牙のラセンを、水中でのイルカの運動という、機械的な外因によって説明する。この説明があたっているかどうかは知らない。しかし、トムソンの説明は、左右の牙で、ラセンが同じ方向に巻く理由を解明する。しかも、もっと一般的に、マッコウのようなクジラ類にもみられる、頭部の非対称性の起源を示唆する。ゆえに、この説明は、きわめて有力と考えてよいと思う。

最近でも、形の問題を数学であつかう人は多い。もっとも、ふつうは、数学者が形を扱う。ルネ・トム、およびマンデルブローがそれである。

トムは、発生学者のウォディントンにくどかれて、発生期の生物の形の変化を、数学的にあつかうことを考えた。トムの数学はトポロジーであるが、私はそれを扱う能力がないので、ここではこれ以上論じない。ただ、トムと実験科学者との議論はきわめて興味深い。それをトムは、自身で描いている。

実験家　あなたのモデルが有用なら、そこから未知の事実が予測できるはずです。ぜひ、そうした実験をしていただきたい。

理論家　未知の事実の予測より前に、既知の膨大な諸事実を体系づけ、理解しなくてはなりません。とくに、古典的な教科書にのっているていどの事実を、説明する理論すら無いとすれば、すでに存在するおびただしい数の実験に、さらに実験をつけ加えても、まったく無益だと思います。

実験家　では、あなたの理論は、有用性や具体的事実とどういう関係があるのですか。

理論家　それはものごとの理解に役立つのです。

実験家　実験のアイディアがひきだせないのなら、理解することなど興味がありません。

理論家　生物学の進歩は、実験的事実を増やすことでなく、生物学的な事実を頭で類比する能力の拡大や、生物学者が新しい「理解」を見つけることなのです。あなたにはそれを納得していただく必要があります。それには時間がかかるでしょう。ひょっとすると、一世代の……。

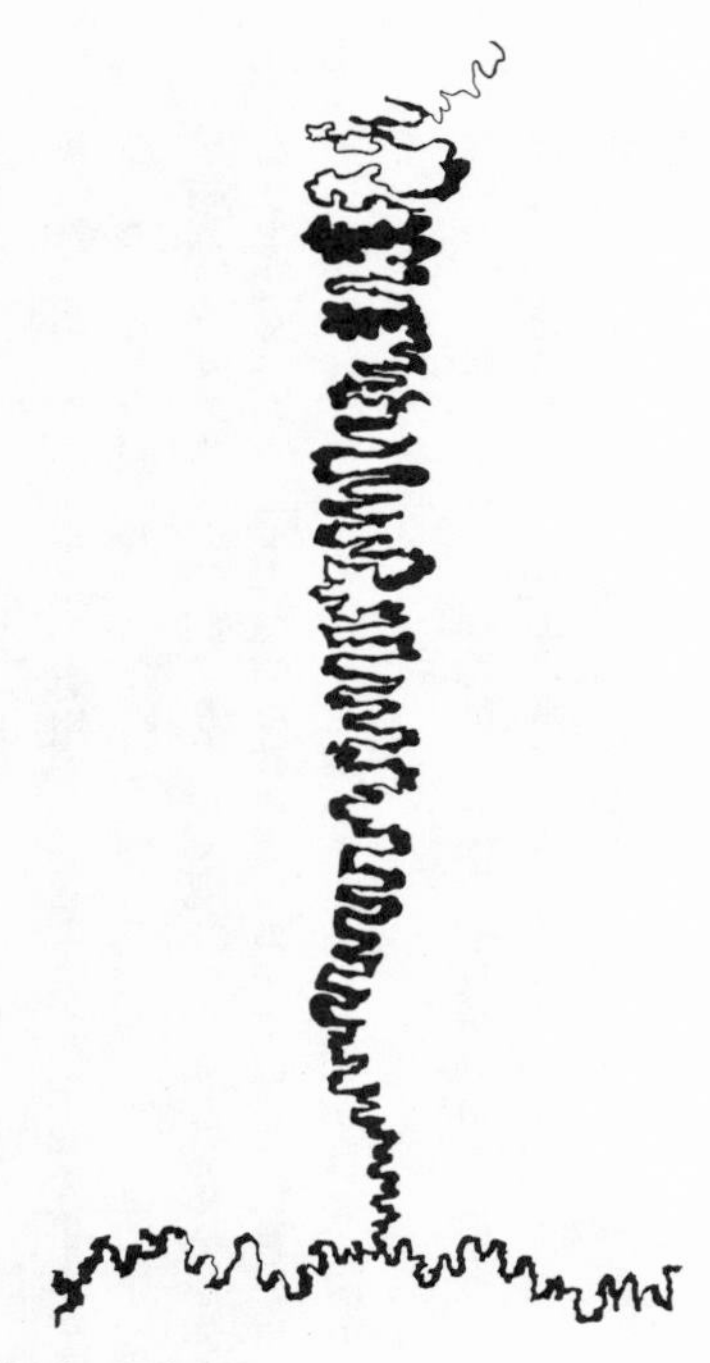

図46　頭蓋の縫合とフラクタル
図に示す不規則な曲線は、オランウータンの頭蓋にみられる縫合である。縫合は、頭蓋の骨と骨との間に生じるかみ合せである。ヒトの頭蓋でも、同じような曲線が見られる。
自然に存在する、こうした不規則な曲線の複雑さを示す指標が、フラクタルである。その原理は単純で、こうした曲線の実際の長さを測定しようとしたとき、使用する物差の単位を小さくするほど、測定結果が長く（大きく）なることを基礎としている。単位を横軸にとり、測定値を縦軸にとって、対数でプロットすると、直線関係が得られる。その勾配$a=1-D$、ただしDがフラクタル値。これはふつう、1と2の間の値をとる。もし対象とする線が直線なら、$D=1$となる。

トムによれば、これは実際にあった会話だということである。

マンデルブローの著書も、わが国に紹介されている。かれは、その中で、気管支の分岐や血管の幾何学について触れる。私の研究室では、これを頭蓋の縫合に応用してみた。まだあまり解剖学に応用されていないが、今後物理学者たちが、形の問題に興味をもってくるにつれて、引用が増えるであろう。スペクトルおよびフラクタルは、形の扱い方としてもっと一般化しておかしくない概念である。これらについても、すでにいくつかの解説書が出ているので、それらを参照されたい。

数学をもとにした形の扱いは、こうしてみると、古くから無いわけではない。ただ、なかなか一般化しないだけである。その理由の一つは、生物自身に興味をもつ人は、数学に興味と能力がなく、一方数学に興味と能力のある人は、生物に関心がない、ということであろう。すでに述べた人たちは例外ではあるが、トムソンを除けば、やはり「より数学的」といってよいのである。

第七章　機械としての構造

1　生物は機械か

いまでは、

「生物は機械である」

と考える人はあまりないであろう。むしろ、

「機械が生物並みになるのではないか」

を怖れる時代かもしれない。しかし、それも、コンピュータやロボットの普及で、いささか取り越し苦労になってしまったようである。たいていの機械が、日常茶飯事になってしまった。

生物が機械だという考え方を、なんらかの形で最初に表明したのは、私の知るかぎりでは、さまざまな機械の作製においても天才的だった、レオナルド・ダ・ヴィンチである。

「おお、この我々の（人体という）機械の観察者よ、君は他人の死によって知識をもたらすからといって、悲しんではならない。むしろ、我々の製作者（である神）が、かくも卓越し

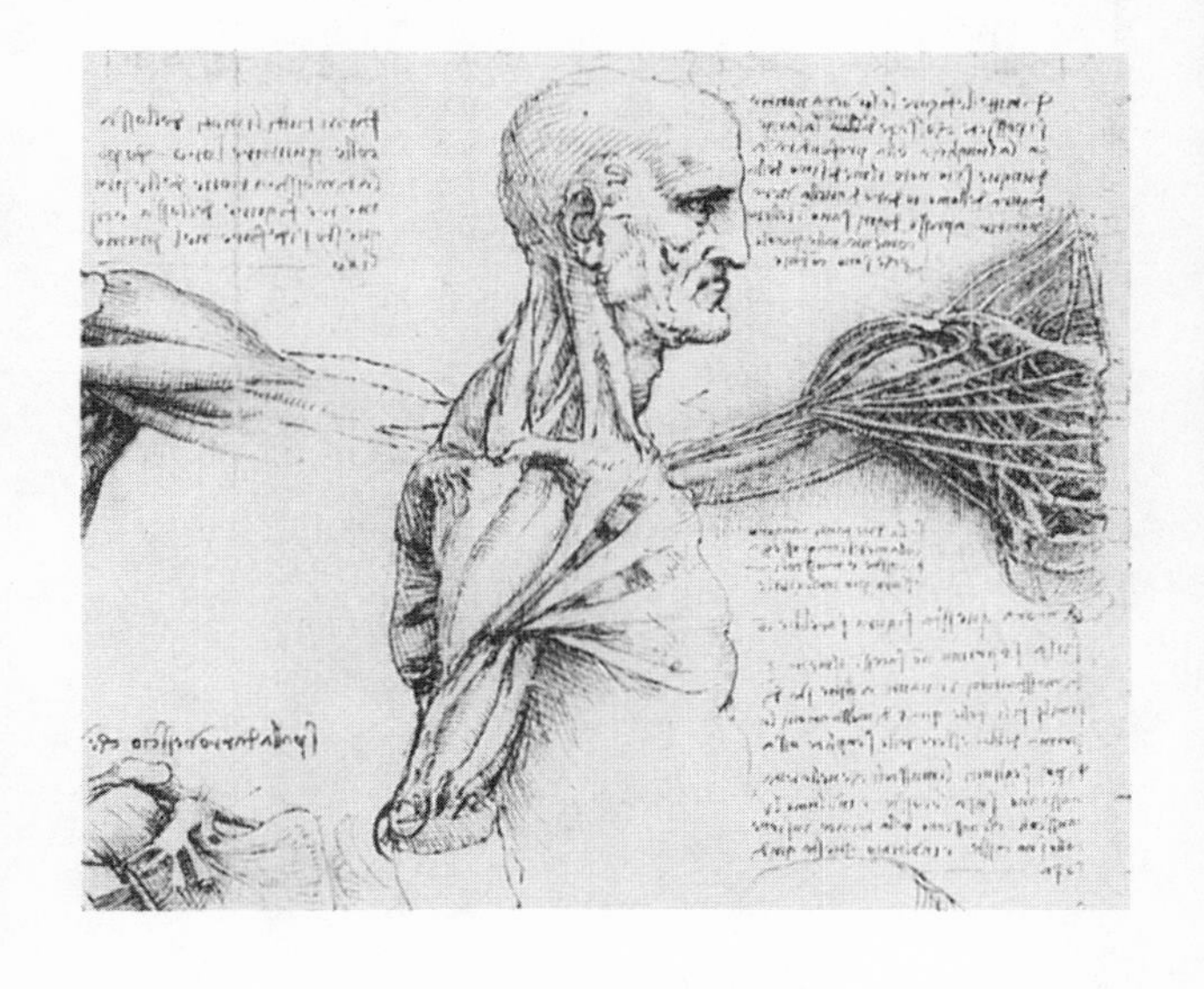

図47　レオナルドの描く大胸筋
レオナルドは、大胸筋を、繊維束の集まりとして描いた。右の図は、中央の図より、さらにはっきりと、大胸筋を繊維に分解する。模式化された図、いわゆる配線図である。筋は繊維の方向に収縮するから、このような図から、レオナルドが筋収縮に、かなり明瞭な観念を持っていたことがわかる。

た道具に知性を据え付けてくれたことを感謝するがいい」

かれは、自分のスケッチの端にこう書き込んでいる。

レオナルドは人体に対して、はなはだ機械論的な観点をとった。ヒトの筋系の解剖には、とくに注意を向けている。筋系は、運動との関連で外から観察しやすくもあり、また画家としての興味も、これに加わった可能性がある。たとえば、かれは痩せた老人を解剖し、上肢帯、つまり腕の付け根の筋を、精細かつ模式的に描く。その画では、大胸筋が、方向の異なるいくつかの筋束に分けて描かれ、かれがこうした筋の機能を、機械的なものとして理解していたことを示唆する。

レオナルドは特別だったかもしれないが、その二百年以上のちに、フランスの医者ド・ラ・メトリは、『人間機械論』（一七四七）を書き、

「人間はきわめて複雑な機械である」

「人体は自らゼンマイを巻く機械である」

などと述べた。かれはヒトの精神もまた、とうぜん物質的基盤の上に成立すると説いたから、唯物論者とされている。

かれは、ヒトは時計だとも言ったが、この時代には、自分で動く機械といったら、時計ぐらいしかなかったことを考慮すれば、この言明が、それほど子供じみたものではなかったかもしれない、と御理解いただけるであろう。

哲学史は、ド・ラ・メトリの時代の思想が、ニュートンの機械論的自然観の影響を受けた

と書く。ニュートンが火をつけたか、レオナルド以来もともとあった小火(ぼや)が、ニュートンという風を得て大火となったかは知らない。しかし、この機械論的自然観は、現代に至るまで、生物学にもきわめて大きな影響を及ぼすことになる。

ヒトの体を機械論的に考えるというのは、具体的には、どんな考え方であろうか。

まず文字どおりにとって、機械、つまり古典力学的に形態を考えてみよう。力が加わるのは、生体では、骨である。骨の構造は、それに加えられる力と、どのように関係しているか。

一八七〇年頃のことである。チューリッヒ工科大学の数学教授であったクルマンは、たまたま医科大学の解剖学教授マイヤーが、同地の自然科学協会で供覧した、ヒトの骨の標本を見る機会に恵まれた。この標本は、骨を縦断したものだったが、クルマンがそれを一見して、ただちに気づいたことがあった。骨の海綿質の部分では、しばしば骨稜(こつりょう)がはっきりした規則に従って並ぶ。それはまさに、力を受けた材料中に生じる応力を図示したものに、よく似た配列を示していた。

そこでクルマンは、大腿骨の輪郭に類似した梁の輪郭を与え、それにヒトの大腿骨が受けると思われる負荷の、方向と値を加えた。そして、その条件下で、その輪郭の中に、応力線を描きこむよう、学生に指示した。その結果はまさに驚くべきものであった。大腿骨頭の海綿質中の骨梁の走行は、そのように描かせた応力線の走行とみごとに一致したのである。

この例は、多くの人たちに感銘を与えたらしく、その時以来、たくさんの書物がこの例を

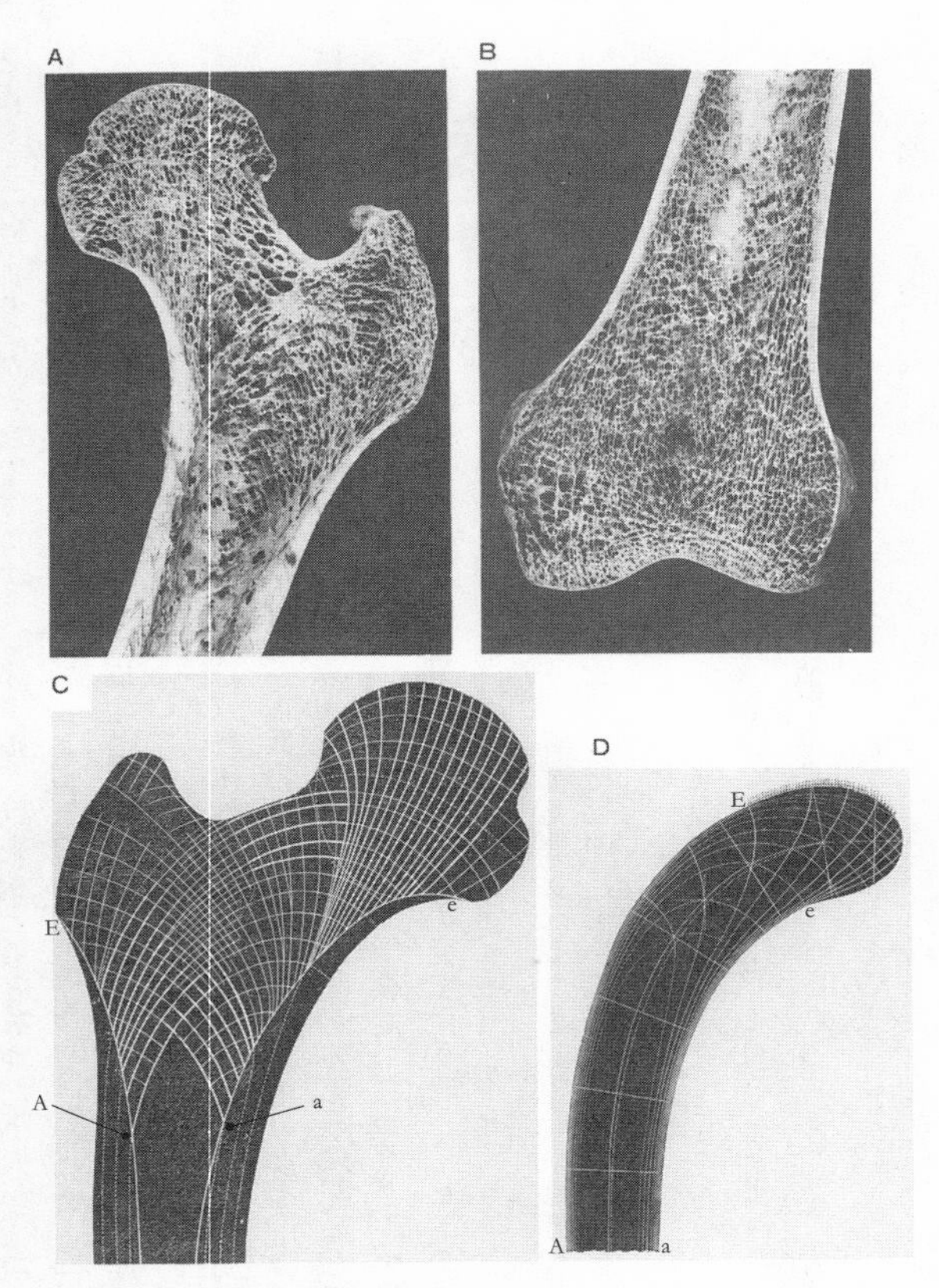

図48　大腿骨の骨端における骨稜の走行
ヒト大腿骨を縦に切って、上下の骨端の断面を示す（A、B）。骨の内部では、骨稜が特異な走行を見せる。これは、理論的に算出された応力線の分布によく一致する（C）。ただしA〜Eは張力線、a〜eは圧力線。このような応力線の描写は、もともとクレーンから導かれたものである（D）。

引用している。この大腿骨の例は、いわば今日のバイオメカニクスのはしりとなった。

この例の基礎になっている前提は、骨は最小限の材料で最大の強度を出す、というものである。そのような条件を置けば、骨稜の走行は、計算で定まってしまう。

こうした、典型的な機械論が意味することは、えてして見逃されやすい。もし、ある前提条件下で、ある力学的結論に一致した構造を、生物体が示すならば、その構造は「それ以外の形はとれない」ことを意味しているのである。なぜなら、前提となる条件が、その形を一義的に決定しているからである。それがどうして問題かというと、それなら、たとえば、生物体には、状況による選択の余地など、ありえないからである。

したがって、こうした考え方は、生物の構造全体に一般化することはできない。それが、バイオメカニクスが、ある場合にきわめて有効であるにもかかわらず、生物学では、あまり一般化しなかった理由かもしれない。

その後の物理、化学の発展により、こうした構造の見方は、従来考えられなかったほど発展した。いまでは、形を論じるのは、物理学者である。

一般に、ある前提から、動きのつかない、すなわち必然的な、結論をみちびくのが、こうした機械論である。機械論は、本来モデル性をもっている。右の大腿骨の例でも、クルマンが描かせた画が、まさしく大腿骨のモデルになっている。モデルは現実を近似するものであるが、実際の意識では、近似ではない。モデルが現実とある小さなズレを示す場合（それが通例だが）、それは現実の不完全性を示すものとして、受け取られることが多い。つまり、

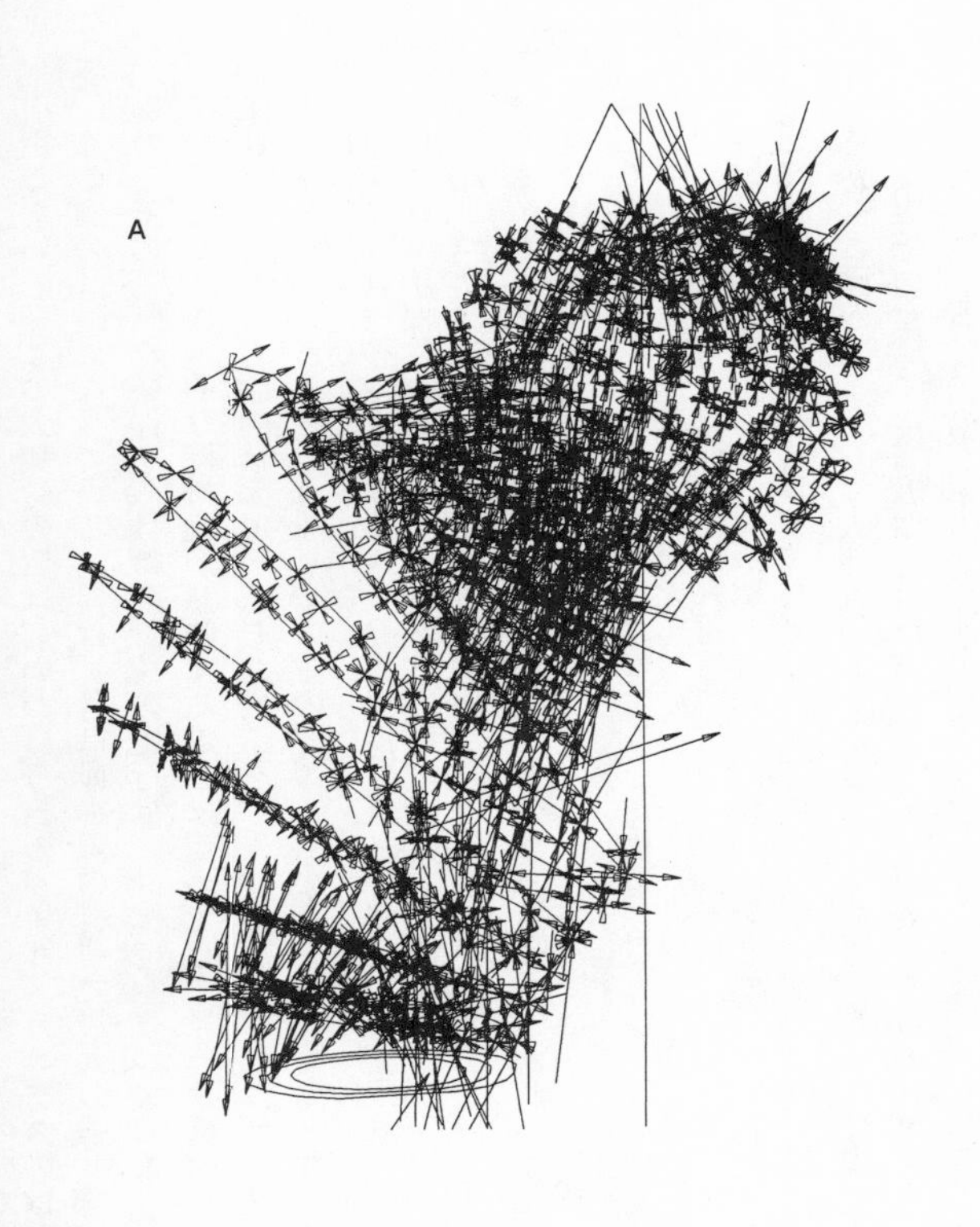
A

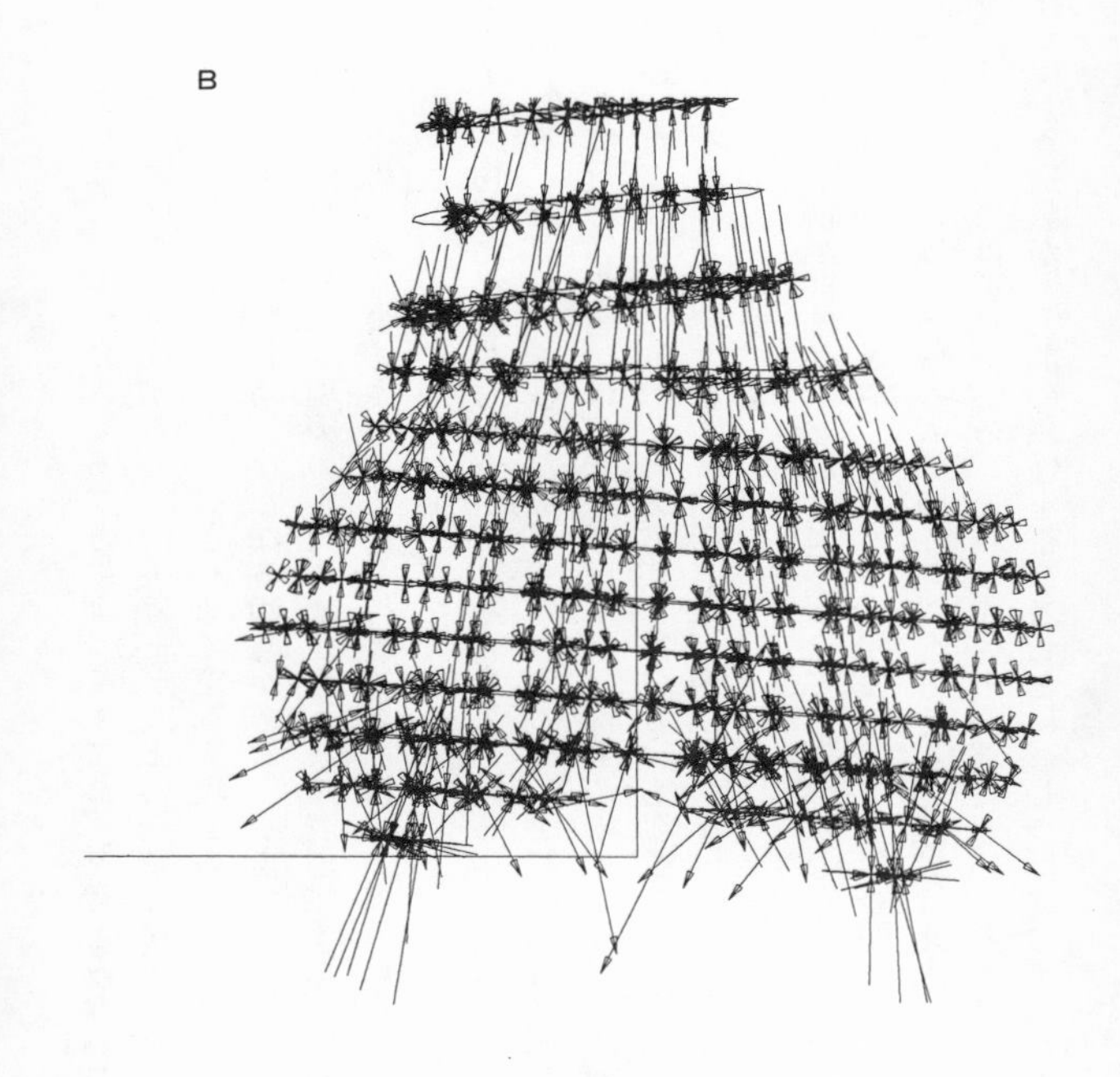

図49　大腿骨の三次元モデルにおける、骨端での応力線の表示
Aは上端、Bは下端。コンピュータによる。現代では、こうした解析が行われている（高橋秀雄氏による）。

そうしたズレは、現実が介入することによって生じた、雑音とみなされる。

あるいは、モデルが完成すると、現実はモデルとの一致点を示すために、そのつど、参照されるだけの存在にかわる。また、きわめて複雑な現象のモデルは、その複雑さのために、しばしばモデルとして、有効でなくなる傾向がある。宇宙のモデルとしての量子論的宇宙、脳の機能のモデルなどは、現実の不可思議さをうまく表現するほど、わかりにくいものになっていき、そのわかりにくさが、しばしば現実と匹敵するようになって、何のためのモデルかわからなくなる。

形態学に、物理化学的な考え方が、ひろく導入されるようになった。その基本は、やはり機械論である。ただし、そうしたモデルは多くの事象を説明すると同時に、多くの詳細をふり落とすので、形態学者には、しばしば不満足なものとして受け取られる。それと同時に、すでに述べたように、こうした考え方が、あまりにも動きのつかない結論を出してくるように感じられるため、生物学者には、真実味が感じられないことがありうる。

ところで、生物が機械だ、という考えには、いろいろな違いがありうる。こうした言い方は、すでに何度か出てきたが、けっきょく、ことばの定義の問題にすぎない。

このばあい、私は、機械は人間の一部だと考える。機械は元来、ヒトが作り出したものであり、その意味では道具である。道具は人体の一部だという考えは、古くからあった。ヒトが作り出した道具が、人間の属性を帯びることに、じつは何の不思議もない。そうならなかったら、そのほうが不思議である。その意味でいえば、機械はもともと生物の一部であり、それを生き物と錯覚しても、考えようによってはあたりまえである。

エルンスト・カップは、前世紀のドイツ人である。この人がどういう人か、私はよく知らない。ただ、この人の意見では、機械あるいは道具は、ヒトの身体の投射だという。つまり、ヒトの身体が、外界に投影されたものだ、と考える。そして、それぞれの器官の外部への投影を、器官投射と呼ぶ。これもわかったようなわからないような、しかし面白い考え方である。

こういう意見だから、カップは、ヒトの身体と機械とのあいだに、構造上の並行関係をさがす。右の骨の話は、カップが大いに喜んだ例である。人間が設計する橋は、重量を支えるものとしての骨と、似たような構造をとる。あるいは、海底電線のケーブルは、末梢神経に似た構造を示す。現在の電子計算機が、ヒトの脳の機能を、部分的に代行することは、もはや否定しようもない。これも、カップが知ればたいへん喜んだであろう。

こうして機械を考える際にも、意識的にか無意識的にか知らないが、ヒトはヒトの身体を模倣する。だからやはり、機械はヒトの一部であって、それ以上のものではない。その一部が、人間以上の能力を持ちだしたといって、驚くこともない。もともと人間以上の能力を発揮させるために、ヒトは機械を作った。

機械がヒトの一部であるとすれば、ヒトの体を観察する場合と同じような考え方が、機械についても成立するはずである。そして事実そうである。ここで議論しているような形の見方は、とうぜん機械についても応用可能である。

機械とヒトの異同を考える人たちは、機械やヒトの中身について考えるのであろう。機械は、その素材をみれば、無生物である。しかし、純粋に形を考えるなら、素材はべつに直接の問題ではない。それは相似の項でも述べたとおりである。そして、機械がヒトの一部だということは、素材は何でもいいことを、逆に示している。こうした考え方が、じつは形を考える、ということなのである。

素材にこだわると、かえってわからなくなることは多い。形態学者もまた、その穴に落ちる。後に述べる擬態は典型的な例である。擬態は、機械とおなじように、同じ生物が、違う素材で作られた、と考えてもいい。ふつうは、違う生物が同じ形をとる、と考えるが、それでいけないわけではない。しかし、ときには逆に考えてよいであろう。

ロボットは、その意味では、ヒトの擬態である。擬態である証拠に、かつての、あるいはマンガのロボットは、しばしばヒトそっくりにできている。その必要性は、いわゆる機能からすれば、明らかではない。現実のロボットは、形の上で、かならずしもヒトに似ていない。アンドロイドを作ろうとする理由は、通常きわめて行動学的なものである。ひと目でヒトに見えないというのは、社会行動にはいささか具合が悪い。だから、ヒトそっくりのアンドロイドを考えるのである。

一般的にヒトと機械を論じるときに、その違いを考える議論がほとんど不毛だったのは、機械はじつはヒトなのだが、ただその一部にしかすぎない、という観点を落としたからである。自分の手なり足なりを切り出して、はたしてこれが生物か、と議論してみても、おそらくムダだということは、たいていの人は理解するであろう。だから、われわれは、機械を見るときも、人体を見るときと同じ観点から、観察する。それを、そうでないと思うのは、相変わらず素材主義から抜けていないだけのことにすぎない。

2　素材のちがい

右のように論じたからといって、私は素材を無視するわけではない。生物を構成する素材には、機械とはちがった、おかしな問題があることを示すために、筋を例にとろう。

生物の組織で、機械論が発展したのは、骨につづいて、筋肉である。考えてみれば、筋の機能は収縮だけだから、機械論的な取り扱いが、たいへん有効だと思われる。

筋の分子生物学は、たぶんそうした背景もあって、大いに進展した。収縮性の蛋白が発見され、構造が確定され、関連した蛋白がぞくぞく見つかった。それらの蛋白が、規則的に集合してつくる、筋細胞の微細構造は、さまざまな生体組織のなかでも、機械的な美しさを典型的に示す。

筋は、機能的には、収縮し、弛緩する。機械としてみれば、これは比較的単純な機能である。しかし、その分子的機構は、もちろんむずかしい。ここでの論点は、その機構ではない。

誰でも、ボディー・ビルをやれば、筋肉が発達することを知っている。肉体労働者では、

図50　横紋筋の微細構造
横紋筋の構造は、電子顕微鏡の導入後、ただちに興味の対象となった。図のように、きわめて規則的なくり返し構造から成るためである。いまでは、ここに見られるようなくり返し構造が、アクチン、ミオシンなどの多くの蛋白から成ることが判明してきている。

そんなことをしなくても、筋はよく発達する。このことは、筋が、使用によって発達する性質をもつことを示す。これは不思議なことではないか。

どこが不思議か。使用によって発達するなら、筋は、使用を感受し、記憶しなくてはならないはずだからである。そんなものが、筋のどこにあるのか。聞いたこともない。

生理学では、ホメオスターシスということを教える。さまざまな機能がはたらくとき、すでに述べたように、形はいったん変わる。筋が収縮すれば、骨の位置は変わる。しかし、機能が一巡すれば「もとの状態」にもどる。体は、さまざまな機能を、つねに果たしているが、それは、たえず「もと」に戻ることによって、定常状態を保つ。定常状態を保つはたらきこそ、ホメオスターシスである。

心臓は、収縮するごとに「もと」の状態に復帰する。さもなければ、心臓はしだいに変形するはずである。事実、高血圧の人では、心臓は肥大する。心臓に負担がかかるからである。では、負担がかかると、なぜ、いかにして心筋が肥大するのか。

ヒトは、ゴリラと比較すると、物を咬む筋肉、すなわち咬筋と側頭筋の発達が弱い。この点が、ヒトとゴリラの成体における、形態的な差の著明な部分をなしている。さらに、ヒトでは、こうした「咬む」作用に関係すると考えられる、顎周辺の発達が悪い。だから、ゴリラにくらべて、顔は平たい。たとえば、上顎が小さくなるが、歯はそれに比例して小さくなってくれないので、親知らずが生えるときに、よく問題が起きる。下顎も小さくなるが、歯を生やす部分が、よぶんに小さくなり、現代人特有のオトガイの突出が生じる。逆にゴリラでは、側頭筋の付着部が、頭蓋の頂上まで延長し、ゴリラ特有の頭の「とんがり」である、矢状稜を形成する。

このような現象は、ヒトとゴリラだけに限らない。トガリネズミとジャコウネズミは、わりあい縁の近い食虫類だが、この二つの間でも、ヒトとゴリラに類似した、咬む筋肉系の発達のちがいをみる。たとえば、ジャコウネズミでは、矢状稜がよく発達し、そのかわり脳は比較的小さい。つまり、どちらかといえば、ゴリラに相当する。

しかも、ゴリラでもジャコウネズミでも、こうした咬む筋肉系の著しい発達は、生後に起こる。生まれた後で、こうした筋が発達するということは、これらの筋の発達が、使用に影響されることを疑わせる。咬む筋肉といえば、毎日かならず使う筋の代表だからである。しかも、生まれなければ、咬む筋肉は使わない。

一方、人類学者によっては、ヒトは火を通したりした、柔らかいものを咬むから、顎が発達しない、という。それなら、トガリネズミはどうかといえば、もちろん料理を食べるわけではない。ジャコウネズミと、ほぼ同じようなものを食う。

一般に、こうした筋の発達の種差は、遺伝的なものとみなされる。ゆえに、ゴリラでは、遺伝的に咬筋系が発達する傾向があるのだ、ということになる。それは結構である。しかし、実際なにが遺伝するのか。

もし、筋肉が発達する、という傾向が遺伝するとしよう。それは、具体的には、どういう

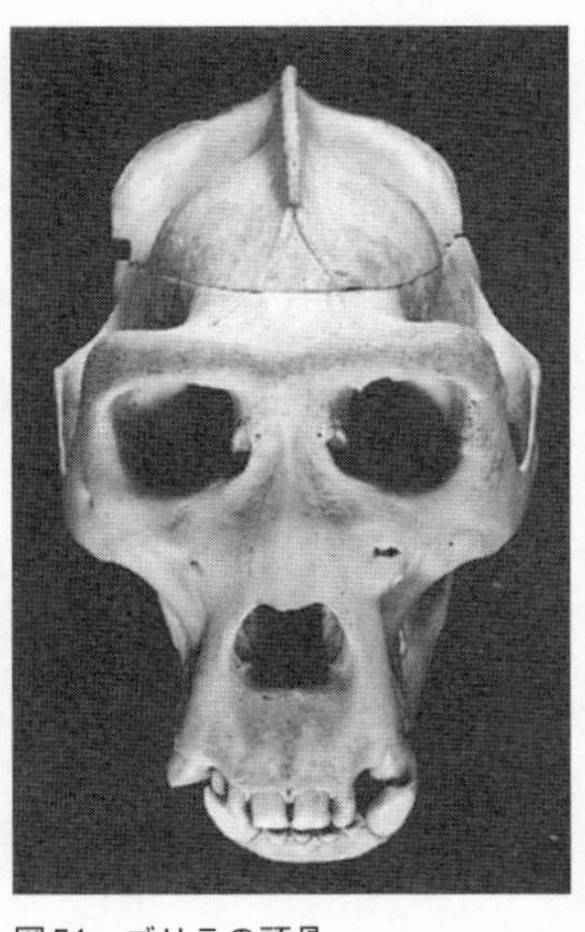

図51　ゴリラの頭骨
頭の中央に突起をみとめる（矢状稜）。後方にも、側方へ走る同様の突起が左右にあって（項稜）、矢状稜と合流する。これらの突起にかこまれた凹地から側頭筋が起こり、下方へ走って、下顎骨の筋突起に付く。これらの突起は筋の付着面をふやし、筋の発達と関連している。

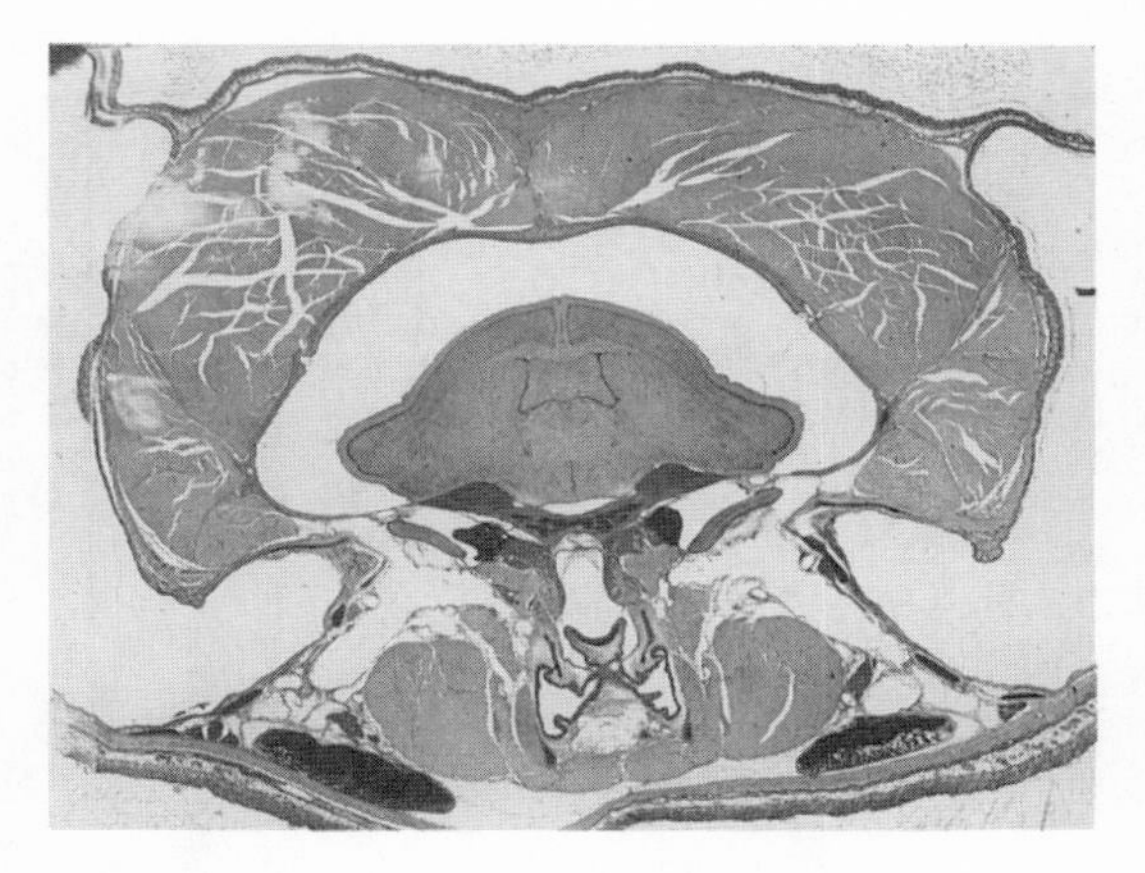

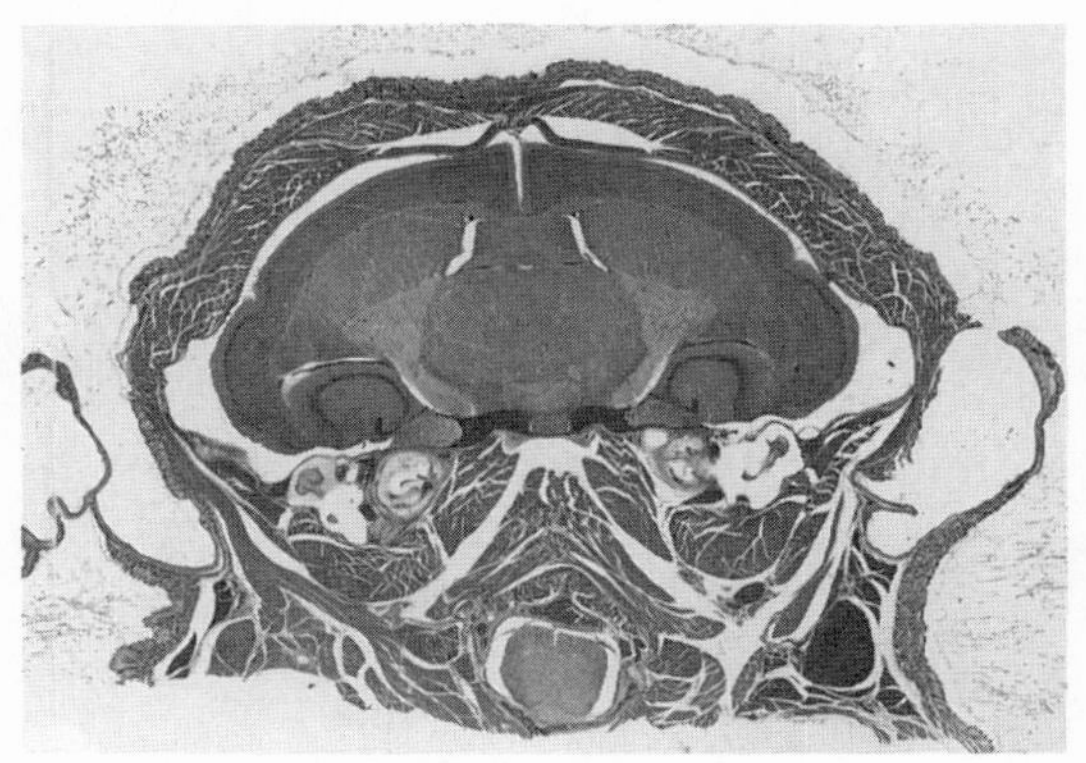

図52　トガリネズミ科における側頭筋の発達
上はジャコウネズミ（スンクス)、下はオオアシトガリネズミの頭部の断面像である。脳の大きさと、その上方にかぶさっている側頭筋の大きさとを比較せよ。ヒトとゴリラでも、類似のちがいが認められる。

ことか。側頭筋のばあい、使用によって筋肉が肥大する性質が遺伝するのか。それとも、筋肉の生産力が高いのか。

こうして考えていくと、明瞭な問題に突きあたる。使用によって、筋肉は肥大する。では、使用された結果、筋肉の状態は、「もと」に戻っていないはずである。なぜなら、あとかたもなく、使用した形跡が無くなるとすれば、使用による筋の肥大は起こらないはずだからである。すなわち、筋は、そのばあい、使用の「記憶」をなくす。逆に、とすれば、筋には、ある記憶装置が存在しなくてはならない。それは、自分が、何回、あるいは「どの程度」収縮したかを、記憶するものである。さもなければ、一回の収縮ごとに、なにか「カス」が残らなくてはならない。それもまさに、記憶装置である。カスの量によって、筋の発達が定まるからである。同時に、筋は、収縮したということを、検知できなければならない。すなわち、収縮の感受装置をもたねばならない。

このように考えると、ゴリラやジャコウネズミで、「なにが遺伝するのか」は、じつは複雑な問題だとわかる。第一に、筋の感受装置がより鋭敏なら、同じ回数だけ収縮しても、筋はより発達する。第二に、記憶装置が、より容量が大きければ、同様に、使用にともなって、余分に筋が発達する可能性がある。もちろん、遺伝的に、筋の合成能が高い可能性もありうる。

こうした、筋の感受装置、記憶装置については、もちろん、まったくなにも知られていない。私の頭の中に存在するだけである。

典型的に機械的にみえる筋肉も、右のように、ていねいに考察してみると、その素材が、生物のはっきりした特性を備えている、とわかる。機械では、右のようなことは、起こらない。その意味で、機械とヒトはむろん違う。しかし、わたしが、それを否定したのではないことは、前項をよく読んでくださった方は、御理解くださっているであろう。

3　現代の機械論

ドーキンスに『生物＝生存機械論』という書物がある。これは、いわゆる社会生物学を解説したものであるが、基本になっている考えは、遺伝子は生きのびるために、いままでありとあらゆる手練手管を使ってきた、というものである。あらゆる環境をくぐり抜け、遺伝子は、じっさい、数十億年にわたって保存されてきたのだから、右のように表現したところで、それほど事実と食い違うとはいえない。いまの世の中で、遺伝子にも意識があるのか、と疑問を発するナイーブな人が、そういるとも思えない。

この場合の「機械論」は、生物のある種の行動は、なんらかの前提、ここでは遺伝子の存続であるが、それをおくかぎり、まったく論理的に説明できてしまうというものである。社会生物学は、その前提から、生物の利他行動というおかしな現象を、いとも数学的に、つまり没価値的に、証明してしまった。もっとも、このばあい、価値は、じつは遺伝子の保存と

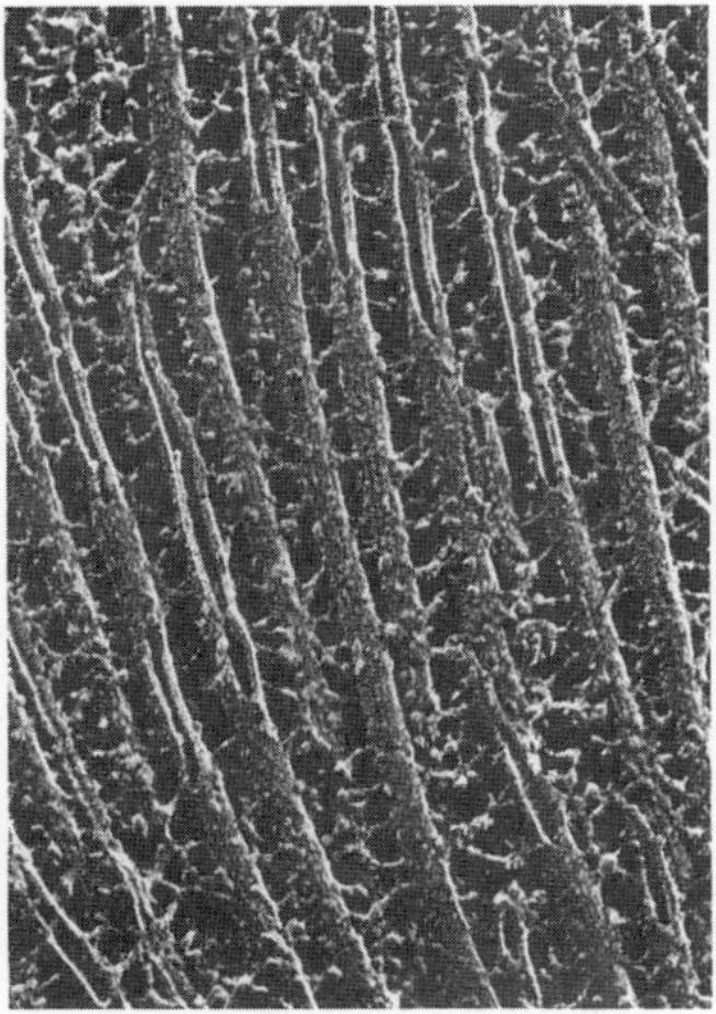

図53　微小管（マイクロチュブル）の拡大像
微小管とは細胞内にみられる管状の長い構造で、チュブリンとよばれる蛋白で構成されている。管の長さはさまざまであるが、径は約1/50000ミリ。ここでは約10本の微小管が見えている。微小管の間は、さらに別の分子で連絡されている。微小管は構成分子の水溶液から、適当な条件下で「自動的に」構成させることができる。写真はレプリカ法で得られたもの（廣川信隆氏による）。

いうことに集約されている。それが、自律的な機械という、古来の生物のイメージに、なんとなく反するところが面白い。つまり機械論としての社会生物学の変わっている点は、個体の価値を「機械」的なものに置換したこと、つまり古くから暗黙の前提だった、「生きること」ではなく、「遺伝子の存続」のみに置き換えたところである。したがってこうした「機械論」は、いわば目的論の変形であって、ここでいう物理化学的な機械論ではない。

細胞質内の多くの巨大分子は、自律的に集合して、より大きな構造をつくる。これはまったく機械的な現象と考えられており、分子生物学の好対象である。こうした集合の際にはたらく力は、分子間にはたらく弱い相互作用であり、水溶液中で生じる、水素結合、疎水性結合、イオン結合、ファン・デル・ワールス力などである。そこには、分子の意志も、目的も、価値観もない。したがって、このような対象をあつかう研究者は、こうした生体構造の処理こそ科学だ、という思いをもつ。逆にこうした方法ないし考え方で処理できない現象は、なにか違うものである。極言すれば、科学の対象ではない。

これはすでに述べたように、科学の定義の問題である。あるいは、科学が解決すべき、問題の範囲を問うことである。これには、まだ出来合いの答えはない。

機械論的な観点は、元来はマクロの、つまり目に見える構造をあつかってきたが、今世紀に入って、化学が発達するにつれ、分子の水準で大きな威力を発揮するようになった。現在の技術なら、分子を可視化することも不可能ではない。しかし、その解像力は、まだかなり限られる。

こうした、いわゆる分子生物学の分野では、形の必然性に関する研究は、機能的な研究にくらべて、やはり遅れている、と言わざるをえない。それは、マクロの世界での研究史とよく似ている。現在は、各種の細胞や、細胞内に存在するさまざまな構造の「はたらき」が、構造との関係とともに、重点的にしらべられており、機能論がきわめてさかんである。そのために、さまざまな具体的方法が、開発されている。また、生化学との結びつきは、非常に強い。生化学は、素材がなにかを教えるとともに、機能が何であるかに答える蓋然性が高い。

第八章　機能解剖学

1　機能解剖学とはなにか

構造を説明しようとするときに、いちばんわかりやすいのは、その機能を指摘することである。

腸は消化、吸収のためにある。したがって、腸はとくに、草食の動物ではきわめて長い。さらに、表面積を増やすため、小腸では「ケルクリングのヒダ」とよばれる大きなヒダが内腔に突出し、さらにおびただしい数のこまかい絨毛が、このヒダの上にも、それ以外の粘膜の表面にも、よく発達する。そのうえ絨毛の表面上皮細胞は、微絨毛とよばれる、径十分の一ミクロンほどの数千のこまかい突起を、細胞表面に有している。こうして、腸は、むやみやたらに、その吸収面積を増やす。

このように、長さを含め、腸の形態が、その機能にいかにうまく適合しているかを論じれば、

「では、虫垂は何のためにありますか」

とか、

「このモグラは体長十センチですが、どうして腸の長さが九十センチもあるのですか。モグラは草食動物ではないはずですが」

といった、無粋な質問をする人は、あまりなくなるだろうと思う。

しかし、こうした質問をする人の有無にかかわらず、機能を重視するあまり、形態のすべてを機能から説明できる、と考えるのは、おそらく考えすぎである。

ただし、私はあらゆる構造について、機能の存在を否定するつもりはない。その理由はまったく単純なものであって、もしいったん機能がないと決めてしまえば、ヒトはえてして機能を探そうとはしなくなるからである。探そうとしなければ、見つかるはずがない。とすれば、新しい機能は、発見される機会を失う。その損失は、機能の存在を否定することによって得られる利益とは、おそらく釣り合わないであろう。

もっとも明確な、機能解剖学の主張者は、すでに名の出た、フランスのジョルジュ・キュヴィエ（一七六九―一八三二）である。キュヴィエは、すべての個体は、まとまった系として一つの全体を形成しており、その全体の諸部分は、相互に対応し反応して、協力することを説く。したがって動物の諸器官は、機能上はっきりと連関している、と主張する。

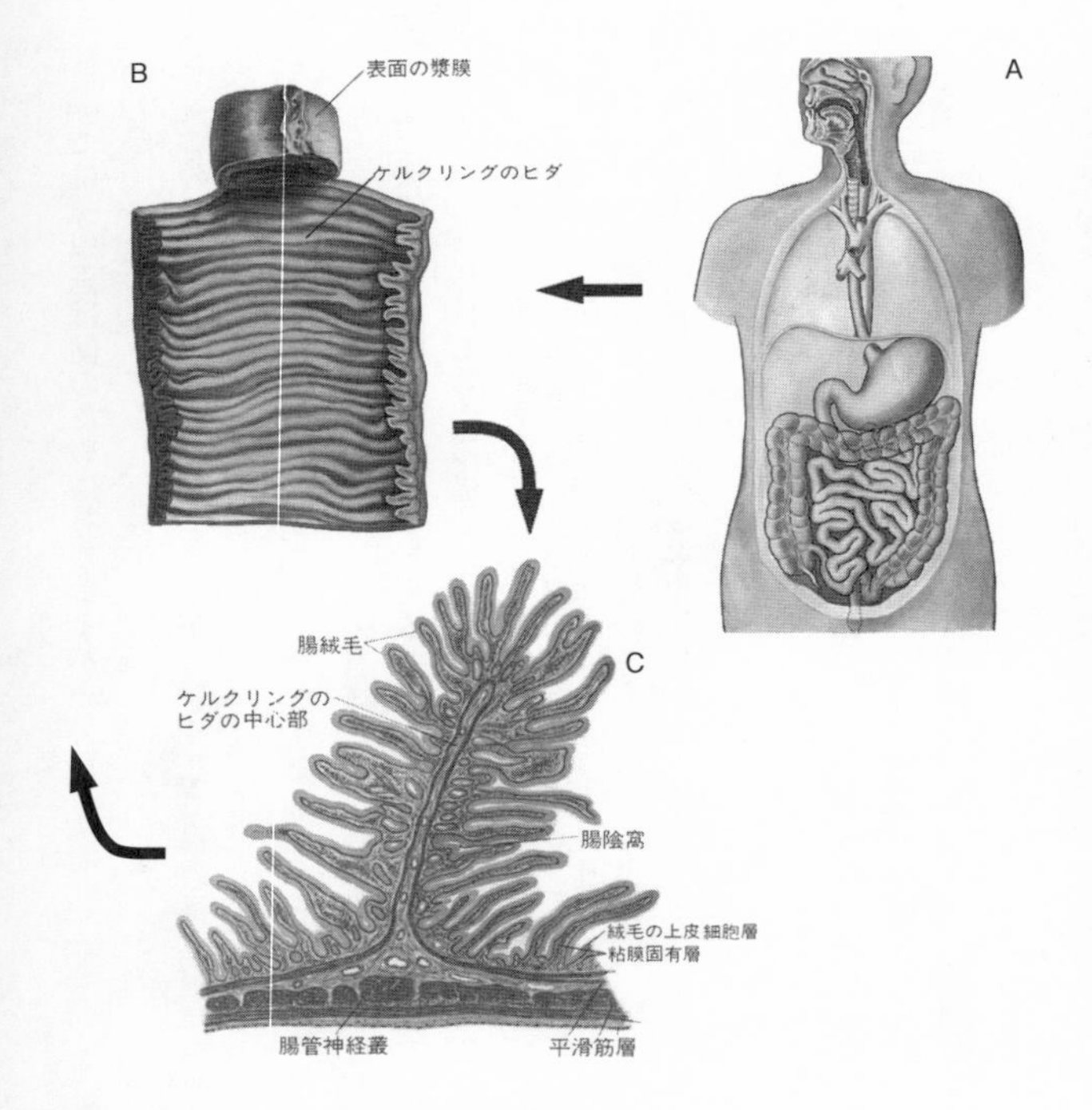

図54　(A、B、C、D、E、F)　腸管の構造
腸が消化・吸収にあずかる器官であることは、誰でも知っている。ふつうの人のイメージはAのようなものであろう。

小腸の一部を切り出し、開いてみると、図Bのようにヒダが見える。これをケルクリングのヒダという。これで粘膜の表面積がふえる。

ヒダの一つをとり、断面をつくって光学顕微鏡で観察すると、Cのような像が見られる。ヒダの表面にまたヒダが見えるが、これが腸絨毛とよばれる指状の小突起である。

絨毛の表面をおおう上皮細胞を観察すると、Dのように見える。上皮細胞の表面に、小皮縁と呼ばれる、きわめて微細な突起の集団がみとめられる。光学顕微鏡では、ここまでの観察が限度である。いままでのいずれの段階でも、ヒダないし突起によって表面積が増加していることに留意せよ。

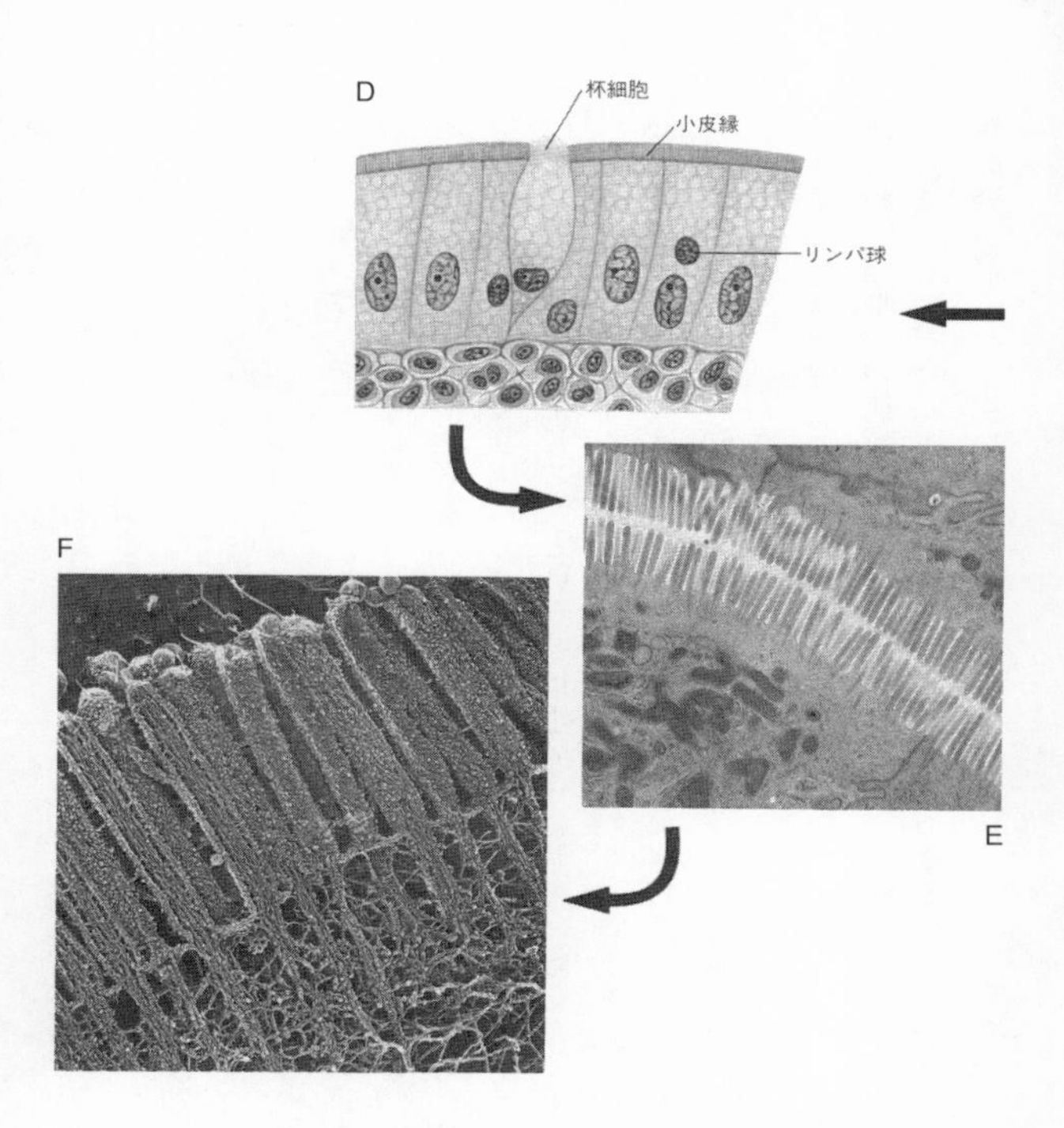

細胞の表面を電子顕微鏡の切片像で観察すると、Eのように、小皮縁は微絨毛とよばれる径1/10000ミリほどの小突起の集団だとわかる（金関悳氏による）。この微絨毛をレプリカ法で観察すると、その内部には骨格としてアクチン・フィラメントをもち、その細繊維が細胞表面下で複雑な網目をつくるのがわかる。写真Fの左よりの二つの微絨毛で表面がこわれ、内部のアクチン・フィラメントが見えている。縞模様が見えるのが、アクチン・フィラメントである(廣川信隆氏による)。
小腸では、食物の吸収がこの上皮細胞表面で起こる。微絨毛の表面膜はボツボツして見えるが、これらの粒子はおそらく吸収にかかわる酵素分子を含んでいる。
現在の方法で可視化できる範囲には、このくらいの幅がある。

動物の腸が、もし新鮮な肉のみを消化するように作られているなら、その顎は捕食のために、爪は捕らえ、引き裂くために、歯は咬み切り咬みつぶすために、運動器官はすべて獲物を追い捕らえるため、感覚器官は獲物を遠くから認知するために、作られていなければならない。

これにひきつづいて、キュヴィエは、そのためには下顎骨の筋突起には一定の形状が要求され、さらに、咀嚼筋である側頭筋や、咬筋に特定の機能的要請がかかるので、側頭窩や、頬骨弓にも一定の形が必要になることを具体的に論じる。さらに捕らえた獲物を運ぶためには、頭を持ち上げる筋肉にも、一定の力が必要だから、こうした筋の起こる脊柱や、後頭部にも、特定の形を生じる、という。以下同様にして、際限なく形態の連関がつづいていく。キュヴィエのこうした考えが、かれが古生物学を創始した事実と、無縁ではない。化石では、動物の骨は、しばしばその一部のみが発見される。そうした部分から、キュヴィエは、十分な比較解剖学の知識さえあれば、もとの生物の全体像を推測できるはずだ、と考えた。

こうした機能解剖学は、わが国の解剖学にも、きわめて大きな説得力をもった。たとえば、わが国唯一の比較解剖学の原著である、西成甫(にしせいほ)の『比較解剖学』は、序説の中で、「形態は常に機能に随つて変化し、従つて先づ機能の分業があり、それに必要な設備即ち器官の発生がこれに次いで行はれる」

と述べる。

ただし、西教授が、機能を主にして研究したかといえば、それではおそらく大変な誤解を生じることになる。むしろ西こそは、わが国における、純形態学の代表者だった。したがって、序説のこの文章が、どうして付いているのか、私ははなはだ迷ったものであるが、それはおそらく、西教授が、現実の学問では自身が一切かかわりをもたなかった、機能の重要性を、ここで指摘したかったのではないかといまでは考える。

さらに、西の高弟であった藤田恒太郎は、あきらかに機能解剖学の立場をとった。この場合も、たいへん面白いことに、藤田自身は機能を対象に研究したとはいえず、むしろ典型的な「解剖学者」であった。その解剖学教科書『人体解剖学』は、おそらく基本的に統一された思考の上で書かれた、やはりわが国唯一の、肉眼解剖学の教科書であろう。ところが、その立脚点が、まったく機能解剖学だといってよい。

たとえば、藤田は、骨盤の男女差を記載するにあたって、骨盤に男女差がみられるのは、女性にお産があるからだという見地をとる。その結果、骨盤の男女差は、女性側のお産に対する適応とみなさざるを得なくなるが、そのために、この書物は、骨盤の性差について、以下のような表現をとることになる。

（1）仙骨は女性では男性より短くかつ広くて、尾骨とともに後退している。
（2）腸骨は女性の方が男性より広くて大きい。

（3）左右の恥骨枝が結合してつくる弓形の恥骨弓のなす角度は女性の方が大きい。（4）このほかにもまだ種々の差異があるが、要するに骨盤腔は女性の方が男性より広くて低く、かつその骨盤下口が大きいから、男性では漏斗形に近く、女性ではほぼ円筒形である。また骨盤上口は女性では長円形、男性では心臓形である。

このほか寛骨だけを見た場合の男女の鑑別点としては、（1）大坐骨切痕の角度が男性より女性の方が大きい。（2）また閉鎖孔は女性では大きく三角形に近いが、男性では長円形である。

（傍点は著者）

そして、この（4）以下のつけたしが、小さい字で印刷してあるところが、なんともおもしろく、機能解剖学と私が称するゆえんである。すなわち、小さい字で書かれた方の男女差は、どう考えても、お産とは直接には何のかかわりもない、と言わざるをえない性質なのである。つまりこれらの性質を、藤田はおそらく、機能すなわちお産とは無縁と考えたからこそ、かれの立場にしたがって、小さい字で印刷させた。

こうしたやり方は、形態学者としては、むしろ珍しいのではないか、と私は思う。機能という観点を固定し、その上で、形態の重要性を決めているように思えるからである。ふつう、形態学者は、形態の違いを重要視するから、その違いを述べる場合、機能によって声や字の大きさを変えたりはしない。

一時代前の解剖学者たちは、こうして、機能についてたいへん敏感であり、理解を示した

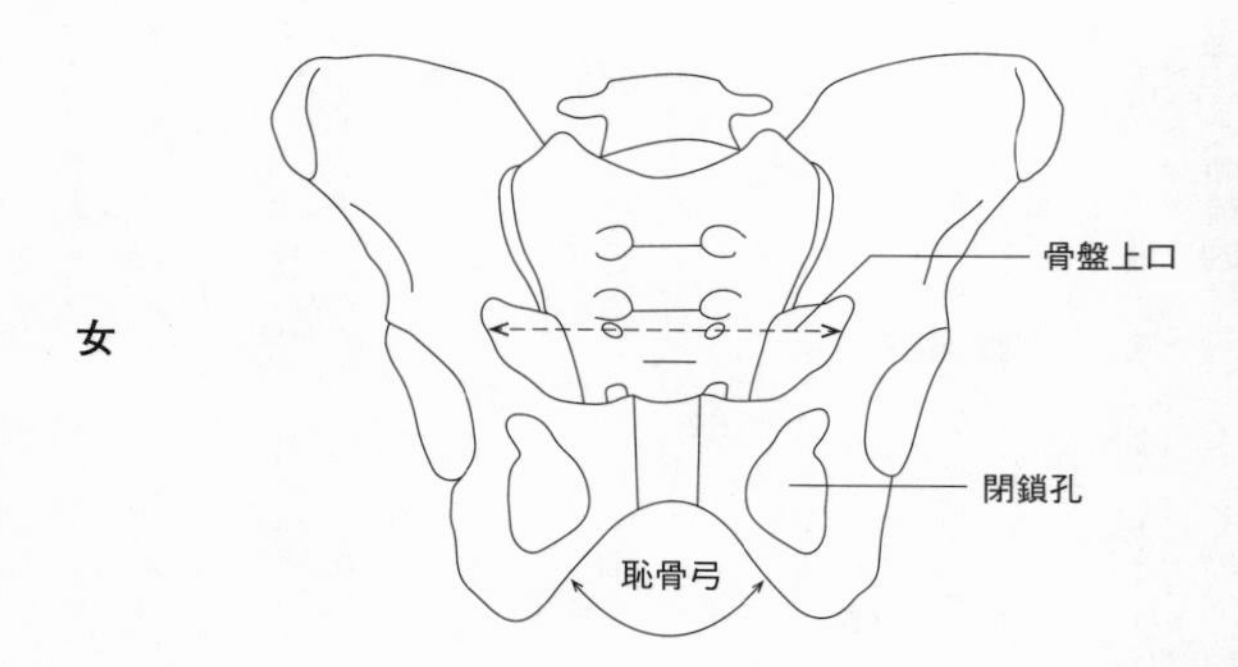

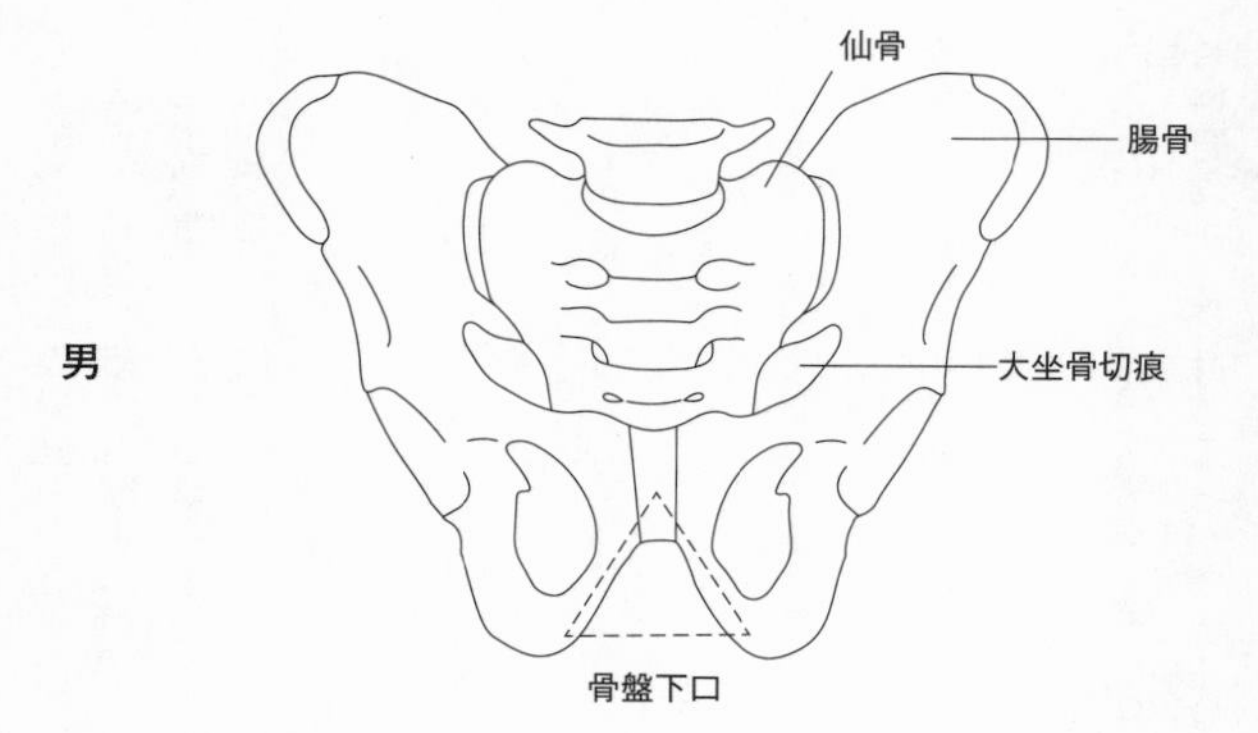

図55　男女の骨盤
骨盤の形がお産に関連するのはたしかである。しかし、閉鎖孔や大坐骨切痕は、直接には産道と関係がない。骨盤には男女差があるが、ヒトは男と女のどちらかに分かれる以上、そのどちらが「基本型」かという議論は、成り立つであろうか。

にもかかわらず、自身の研究の上ではむしろ、純形態学に近い立場をとった。これは、個々の問題の解決には、たとえ機能であっても、調べる必要があったはずだが、それでは形態学の立場がないように思われたことと、具体的に生理学が存在する以上、他人の分野に踏みこむことを、いさぎよしとしなかったからであろう。この時代にはそれでなくても、解剖学にはやることがたくさんあったのである。

2　機能における枠組み

構造を機能という面から説明するやり方は、目的論とも表現できる。ある構造が、「何のためにあるか」を説明するからである。

目的論は科学ではない、といわれたことがあったが、いまではそう考える人は多くはないであろう。目的論というのは、むしろ人が、ある種の過程を記述するときに用いる、やり方の一つだと考えるなら、それは表現の問題であって、つまり好みなり、便宜なり、有用性の問題にすぎない。さらに進んで、合目的性を生物の特徴と考える人もある。

こうした目的論、つまり「ある構造は何のためにあるか」という質問には、ある特徴がある。

第一に、この考えは、自然の中にものさしを持ち込む。なぜなら、何かのためにある以上、その目的に対して、その構造がどのくらい有効か、を計ることができるはずだからである。さらに、それを計るためには、その構造自体だけではなく、その構造が、どのような状況に置かれているかを、規定しなくてはならない。すなわち、機能はつねに、それが働くべき「枠組み」を要求する。

その枠組みは、古典的な医学系の生理学では、個体の維持である。心臓がなぜ重要かといえば、それが止まれば個体が死ぬからである。睾丸なら要らない。しかし、これは、種族の維持という枠組みでは、なくてはならない。顔の造りは、どうでもかまわない。しかし、コミュニケーションという枠組みでは、きわめて重要である。こうした「枠組み依存性」のため、機能は枠組み次第という面を生じ、構造の方からみれば、一義的には決定されない。

サカナのヒレは泳ぐためである。それを飛行に役に立てるのは、トビウオくらいであろう。トリの羽に比べたら、若干見劣りするものの、これも立派な使い方である。ヒレは歩行器官でもあり、海の底では、シーラカンスは、たぶんヒレで歩く。われわれの遠い祖先も、ヒレを歩くために用いたが、現在のサカナは、そういうことをする機会にあまり恵まれない。サカナが陸を不器用に歩いていれば、ネコが喜ぶだけであろう。しかし、歩かないという保証もない。

これをまとめて、ヒレの機能なら、位置移動の手段だといえばいい。では、尻尾の機能ならどうか。あなたは、尻尾の機能を挙げることができるだろうか。

ヒトには尻尾の骨は、三〜五個ある。骨もないのは、一部のコウモリだけである。クモザルやホエザルでは、尾は第五の手足といわれ、巻き尾の終り三分の一くらいは、ヒトの手掌

図56　ジャコウネズミのキャラバン形成
トガリネズミ科の動物は、親子がつながって歩く習性をもつものがある。そのときは、ここに見るように、親の尾の付け根に子がかみつき、以下同様にして長くつながって歩く。なぜこのような行動があるか、わからない。

と同様に稜状の皮膚となり、知覚小体が多い。こうした保持、把握のための尾は、いくつかの哺乳類で独立に生じている。ヘビは尾を移動に使い（どこから尾だろう）、カンガルーは体の支持に用い、多くの動物が物の運搬につかう。運動時には、平衡の確保に役立つこともあり、カモノハシや水生の哺乳類では、方向舵である。跳躍するネズミでは、ブレーキの役にも立つ。臭い付けに使う動物もあれば、つがい形成の儀式につかう動物もある。ジャコウネズミやジネズミでは、子供が、親の尾から始めて、順次尻尾に食いつき、つながって歩く（キャラバン形成）。尻尾で仲間を認知するものもあり、尻尾が信号になることもある。スカンクは尾で脅し、ヒヒは尾で相手の優位を表現する。ウシ、ウマはハエを追う。モグラにもかわいい尾があるが、なにに使うか、私は知らない。尾に多くの突起をもつ、化石哺乳類もある。おそらく防護器官であろう。

この例からも、構造を固定したばあい、その機能の枠組みを発見するのは、実際にはいかに困難か、わかっていただけるのではないか。

形態を機能から見るばあい、古くは、適応という観念を強く主張する傾向があった。生物の体は、機能にとって、いかにうまくできているか、というのである。この面だけを強調するなら、そうしようと思えば、たしかにうまくできている例を、いくらも列挙できる。しかし、同様にして、意地悪くすれば、うまくできていない例も、また限りなく列挙しうる。枠組みを、ちょっとずらせばいい。それが、機能を一義的には決定できない、と先に述べたことに相当する。

われわれの食物路は、口から、咽頭、食道へと抜けるが、その咽頭で鼻から喉頭、気管へと抜ける気道と交差する。そんなことをするから、日本では、毎正月、モチがのどに詰まって死ぬ老人が、数十人に達することになる。しかも、この構造には、抜き差しならぬ事情というものがない。つまり、両者がいわば平面交差をつくるのは、哺乳類の中でも、なんとヒトのみであって、ふつう一般の哺乳類では、ここは立体交差を形成するため、ヒトのように致命的な現象が生じることはない。あまつさえ、草を食べながら、鼻でにおいをかぐといった芸当を、悠々と行っているのがあたりまえなのである。

ただ、こうしたヒトの気道の解剖学的特性から、ヒトは「口をきく」のがきわめて楽になった。こうした構造がなければ、おそらく「鼻をきく」、つまり鼻から空気を出して、ウマやブタのように、鼻を鳴らして会話するほかはなかったかもしれない。

ものごとには、丸儲けというのはない。一方で得をすれば、どこかで持ち出さなくてはならぬ。だから、生物の構造が、機能に対していかにうまくできているかを、あまりにも強調されると、私は眉につばをつけることにしている。

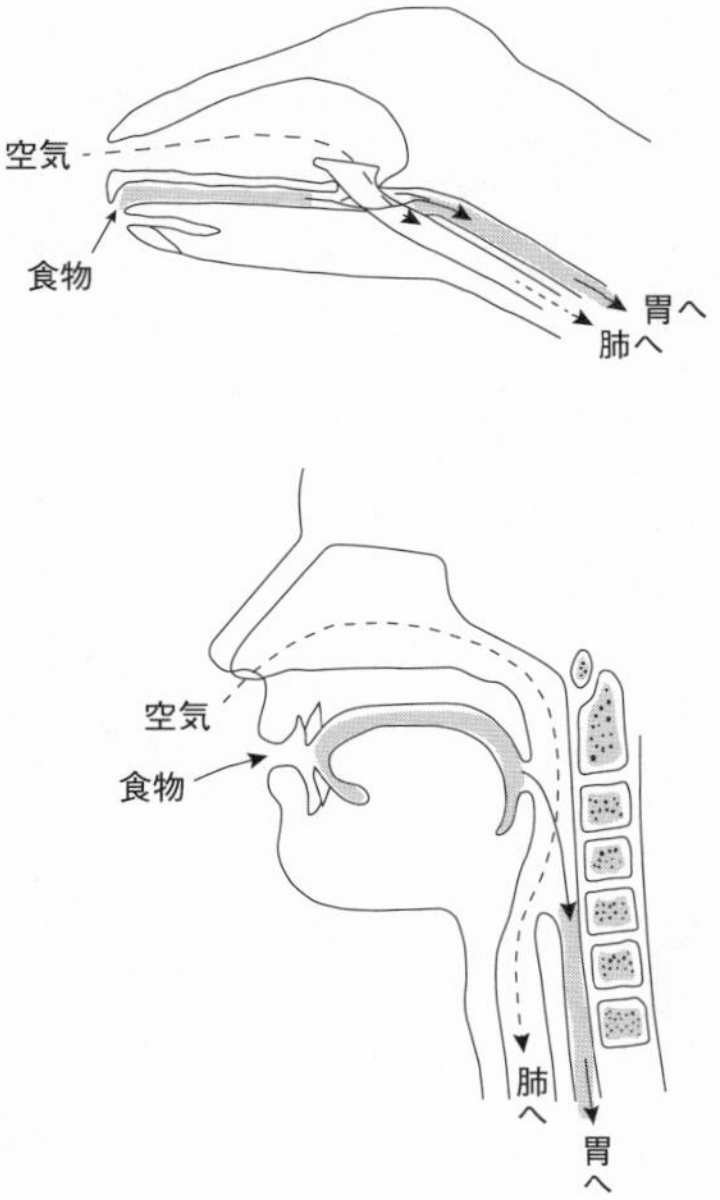

図57　ヒトと動物の気道
ふつうの哺乳類では、気道は確保されており、逆に食物の通路は気道によって妨害され、二つに分けられる。ヒトでは気道と食物路が共有の通路をもち、一方が通るときには、他方は通れない。だから、まちがうと、食べたものが気道に入る。これはいったい、なんのための適応か。

ある構造の、利点と欠点のすべてを数えあげることが、できることかを考えると、すぐにそれは不可能とわかる。あらゆる状況を列挙することは、不可能だからである。環境条件は、生物の都合とはまったく独立に、変更しうる可能性がある。一方、生物がどういう構造を発明しようと、その有効性は、状況との相互関係で定まる。ただいま役に立たない構造が、天変地異の際にも無益だという保証はないし、逆もまた真である。したがって、きわめて一般的には、構造からみて、機能を一義的に決定できるような公式は存在しない。したがって、構造はよく機能を反映することはあるが、それがすべてであるはずはない。

3　機能は形を決定するか

機能がさきにあって構造が決まるのだろうか。西教授はそう述べたが、その前後関係は、簡単には断言できない。ある機能がさきにあって、それの設備をしたとしても、機能の枠組みが変われば、話が違ってしまうからである。極端な機能の転化が、ときに見られる。爬虫類の顎関節は、哺乳類では、なんと伝音系に変わった。松果体は、光受容器から、内分泌器に変わる。つぎの変化した機能にとって、構造の大部分は、すでに前提されている。形は、それ自身の論理で生じる。ふつうはそれが、形態学者の論理である。

それに、生物に使える材料と方法は、限られている。理想的な器官を作ろうとしたところで、限られた材料しか使えぬということになれば、われわれの日常生活同様、どこかで妥協せざるをえない。ウナギだって空を飛びたいのかもしれないが、泥の中でのたくる生活を選んだ以上、羽をのばすことは、とりあえず、あきらめざるを得なかった。

トビウオは空を飛ぶ必要があったから、ヒレがのびたのかといえば、同じ重みで、ヒレがのびたから、飛ぶようになったともいえる。ヒレが短くても、飛ぶのには不自由がないというのであれば、ウナギだって空を飛ぶ。

機能がさきか、構造がさきかは、ニワトリと卵の関係に近い。

では、環境は形を決定するだろうか。進化の総合学説、つまり自然選択説では、それが当然だった。生物のあらゆる性質は、進化の過程で、環境の吟味にかけられてきた。そのうち、選択されて残ったものが、いまの生物である。したがって、基本的には、環境が生物の形を規定してきた。

形態学者が、どのていど、これを信じているかということになると、私には自信がない。第一、私の顔もあなたの顔も、すべて選択の結果として、適応的にできているという自信は、私にはない。おそらくかなりの人が、もうすこし結構な顔に生んでくれたら、と親をうらんでいるかもしれない。

形態学者は自然選択説に対して、通常はなはだ冷淡である。古典的な選択は、形態形成の結果にはたらくのだから、それは形態を研究する側からみれば、形態ができた後の話にすぎない。それならいったい、選択が、どうやって形を決めるというのか。遺伝子が決める。それなら、遺伝子がどうやって形を決めるのか、教えてくれ。

形態、たとえば、眼のように複雑な器官が、自然選択で出来てくるという考えについては、自然選択説の本家のダーウィンすら、困難を感じていた。したがってかれは、「クジャクの羽を見ると、気分が悪くなる」と、手紙の中でこぼしたことがある。クジャクの羽は目玉模様だらけだからである。

その理由は、明瞭だと思う。選択がかかるのは、形態そのものではない。その機能である。あるいは、その機能的側面である。すでに述べたように、機能の特質は、ものさしが存在することである。形態が選択されるのは、そのものさしに合わせて、機能が選択される結果にすぎない。しかし、すでにさんざん述べたように、形態にとって、機能はふつう一義的には定まらない。

形態そのものは、中立といってもいい。形態学者が、本音ではそう思っているように、形態には、形態形成の法則がある。しかし、形態を機能的に解釈する立場の優越は、西や藤田の例でも示したように、きわめて強かった（いまでも、そうかもしれない）。だから、形態学者は、機能がすべてだとは信じていなかったが、選択については、たぶん、よく考えずに、形態と機能を同一視したのである。両者を同一視すれば、選択は形態にかかって、おかしくない。それは、ダーウィン以来の伝統的混同だったから、仕方がないといえば、仕方がない。

しかし、形態の意味は、この本で述べているように、一つではない。たとえば、機械論的にとりだされた形態にとって、選択は文字どおり、ナンセンスである。計算の結果は必然であって、もしある構造が機械論的に説明されるなら、それは選択の対象にならない。論理がその構造を誘導するのだから、別な形がありえない。形態は、機能面だけでなく、機械的な面を、もちろん含んでいる。

ダーウィンは、なにも、正直に目玉で悩む必要はなかった。目玉の形態形成は、形態学者に考えさせればよい。自分は、目玉の必要性だけを指摘していれば済んだのである。

ところが、形をあきらかに外部要因が決定する、きわめてはっきりした、その意味では、異例が存在する。それは擬態である。

擬態というのは、ふつう、しばしば分類学では縁の遠い、異なった種が、なぜかきわめてよく似た外見をとることである。一方が、他方の真似をしたにちがいない。意識して真似したわけではないが、ともかくモデルがあって、その形を、他の生物が、なんらかの利益のために、盗用したと考えざるをえない。

カッコウは托卵鳥である。すなわち特定の他種の鳥の巣に、自分の卵をうみつける。宿主はカッコウのヒナを、自分の子供と思って育てる。カッコウの卵は、宿主の卵に、おどろくほど外見が似る。もし、見た目がそっくりでなければ、カッコウの卵は異物として、宿主の巣から放り出されるであろう。

これだけならまだそれほど不思議ではない。しかし、世界各地には、さまざまな種のカッコウがいる。それは、さまざまな種の宿主をもち、宿主の卵は、その種によって、赤、青、ブチいろいろである。それでも、それらの異なった宿主に托卵する、それぞれの種のカッコウの卵は、色も模様も宿主に合っている。

カッコウの卵は、宿主の目、つまり視覚によって、きわめて長い歳月のあいだ、連続的、徹底的に選別されてきたし、いまでもされている。つまり、カッコウの卵の色や模様、大きさを決定するのは、宿主の視覚である。そして、このカッコウの卵が、擬態のなかでも異例であるのは、卵の殻は卵が作るのではなく、卵を生む親の卵管で作られるものだ、ということである。卵の殻は、それ自身は生きている構造ではない。つまり、殻は細胞の産物ではあるが、殻に細胞は含まれていない。したがって、おそらくカッコウは、卵の殻の作り方について、宿主のやり方に従っているのであろう。同じ鳥類の中で、卵の殻の作り方に、それほどの変化があろうとは思われないからである。

形態学者は、たいてい擬態を嫌う。その理由は、はっきりしている。さきほどの自然選択の話とは逆に、ここでは選択が徹底して主導権をにぎっており、形態の自主性は、すっかり影をひそめて見えるからである。ここには、形態学者の出る幕は、なさそうに思える。

擬態では、外見が、視覚という機能の対象になる。対象のない視覚は無意味である。外見は、目が物を見、筋肉が収縮するように、「独立の機能」を果たすわけではない。外見とは、定義によって、視覚という機能の対象以外のなにものでもない。換言すれば、情報そのものである。

ここでは、いわば、形それ自身が機能である。機能と形態が、分離していない。したがって、それは、直接選択の対象となる。もちろん、擬態といえども、外見がモデルに完全に一致するわけではない。トリの視覚では同じに見えるように、一致するのである。だから、ヒトが見れば、しばしばボロが出る。同時に、理論的には、あまりにボロが出ているため、ヒトがまったく気づかない擬態があっていい。

外部環境が形態を決定するかどうかは、機能を介して定まる。とりあげる形態の「機能依存性」が単調かつ明確であるほど、選択は強くかかる。だから、尻尾の形は、あまり単調に変化しないのであろう。擬態では、機能が形態を決める。さらに、他の構造については、どういう構造が作れるか、という限定条件がおそらく優先する。つまり、そこでは、形態形成が優先する。

第九章　形態と時間

1　形態学の立場

この本の主題は、もちろん生物の形態である。だから発生と進化を、形態を作り出す過程として考えている。こうした立場は、「純粋」な発生学者や進化学者の立場とは、かなり違うかもしれない。

たとえば、発生学者であれば、発生過程で、どのような遺伝子が、あるいは遺伝子群が活性化され、その結果、どのような化学反応が進み、その反応の産物が、いかにして次の遺伝子群の活動を制御するか、と考えるかもしれない。あるいは、細胞どうしが、どのようにして相互認識をするか、それに関わる分子はどんなものか、その分子の合成はいつ始まるか、といった問題を扱うであろう。

進化学者であれば、種はいかにして生じ、進化はどのような要因によって進行するか、という問題に、考えを集中するのではないか。事実、ダーウィンはそうした。

形態学の立場は、それとは、すこし違う。われわれに与えられた課題は、すでに出来あがっている生物の「形」である。それが、実際には、どのようにしてできあがるのか（発生）、歴史的には、どういう順序を踏んでできてきたのか（進化）、を考える。

すなわち、私にとっては、ある形態が、目前に与えられている。それは、なぜそうなるかはともかくとして、発生の過程によっても、進化の過程によっても、「そうならざるを得ずして、そうなっている」のである。生理学者なら、その形が、いかに生理的機能にうまく適合しているかを知れば、それで満足するかもしれない。私の場合そうはいかない。それだけではなく、その形の由来を、具体的に説明する必要がある。

そんなことをする必要がなぜあるか。そう反論されるかもしれない。もちろん、それには、実際的な必要は、かならずしもない。しかし、ある形の必然性は、すでに述べてきたような、数学的論理、物理化学的論理、機能的必要から説明されるだけではなく、一種の歴史的必然としても、説明されるはずである。

それは面倒だから、私は省く。個人としては、そういう立場をとることもできる。しかし、こうした歴史的観点を除いた説明が、説明として不十分であることは、たいていの人は知っている。

こうした説明を要請する、背景となるものは、もちろん、われわれの「時」の意識である。時間意識は、きわめて不思議なものであって、私たちはまだ、その起源を、はっきり了解してはいない。そうした時間意識を、はたして動物がもっているかどうか。察するに、時間意識は、進化的には新しいものであろう。

生物が、時間を体に刻みつけていることは、よく知られている。トガリネズミやジャコウネズミのような食虫類、あるいはさまざまな齧歯(げっし)類を捕らえるには、薄暮にワナをかけておく必要がある。その時刻にしか、活動しないからである。こうした日周活動は、生物時間の典型であり、太陽、つまり地球の自転周期と関連している。

女性の性周期が、月と関係していることも、おかしなことである。満月になると、眠れないという女性もいる。年に一度、満月の晩に、生殖活動を行うゴカイの仲間もいる。それを暦に利用する文化すらある。

トガリネズミは春に生まれ、冬を越すと性的に成熟し、春に子供を育て、秋には死ぬ。かれらの一生は、ゆえに、ほぼ一年あまりしかない。世代は、一年、すなわち地球の公転周期を、単位とする。それは、多くの昆虫と、まったく同じことである。

こうした、体に刻まれた時の周期は、そのかなりの部分を、神経細胞の機能に負う。そこからさらに、二次的に、ヒトの時間意識が発生するのであろう。身体の中でも、たとえば心臓は、神経細胞とは異なった、はっきりしたリズムを刻む。ヒトの心搏数は、毎分六十〜七十くらいだが、カナリアなら、その値は、千の位になる。

こうした時間意識は、まだよくわからない、あいまいな部分を含む。われわれは「時」に何種類あるかを知らない。「時」の分類学は未完成である。時間に、量子的単位が存在するか否か、それを知らない。

ただ、右の例からはっきりしていることは、生物における「時」は、そしておそらく「時の意識」は、もともと周期から発生したであろう、ということである。すなわち、熱力学の第二法則が示すような、一方向性の、単調に進行する物理的時間ではなく、同じ出来事が間隔を置いてくり返す、という周期からである。

こうした生物時間の特徴は、発生や進化をあつかう「学」の歴史的な内容にも、まず表現されることになる。内容の正否はともかく、ヘッケルの「生物発生基本原則」、いわゆる「個体発生は系統発生をくり返す」にも、そうした直感は明瞭に表現されている。そう私には、感じられる。

時間的に進行する過程に、それ自身の法則性があるとしたら、それはどのような形をとるだろうか。第一章で述べたように、われわれはまずそこに、「くり返し」を探す。ものごとが、厳密な意味で、まったくくり返すことは、そのとき述べたように、ありえない。しかし、なにかがくり返される。そのくり返されるものを、定式化したい。おそらくヘッケルはそう考えたのだろう、と私は思う。

そうしたくり返しの、理想的な形は、時間的に進行していくある過程の、各単位部分が、じつは全体の進行過程と同様な過程を含む、というものである。幾何学であれば、それは自己相似図形として表現される。こういう図形は、不思議にヒトを魅する。ヘッケルの表現をそのまま受け入れるなら、それはまさしく、時間的な自己相似図形を形成する。

こうした抽象的な説明をすると、またことばの遊びだ、と思う人もいるかもしれない。

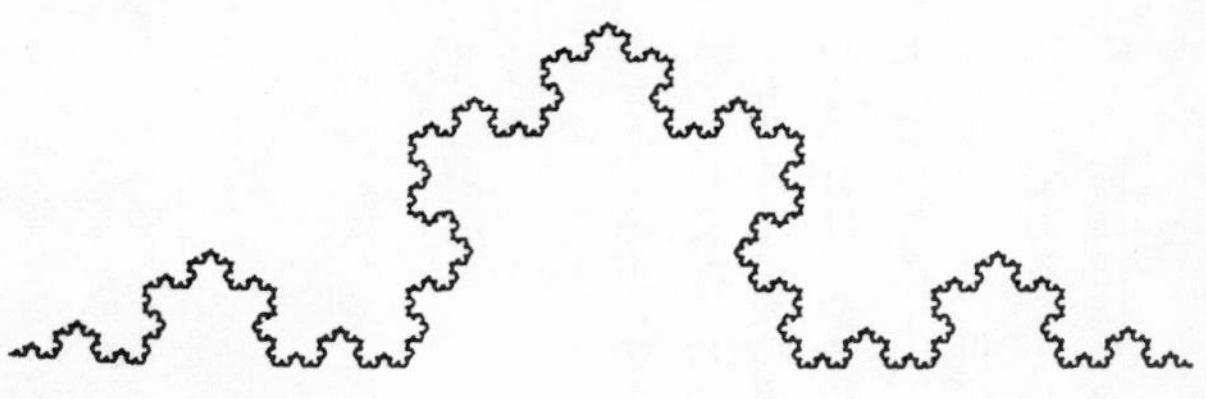

図58　自己相似図形の一例
どの部分をとっても、拡大すると、もとの図形になる。無限のくり返しである。

私は、研究生活の始めに、発生学を学び、ニワトリの皮膚の発生について、学位論文を書いた。その時に、私の扱っている主題に、発生全体の問題が含まれている、と感じたことがある。

皮膚の発生過程にも、細胞の分化があり、増殖があり、誘導現象があり、造形過程があり、要するに、私がそのころ考えていた、発生学の問題は、すべて含まれていたのである。つまり、器官発生の中に、個体全体の発生で出現する問題は、基本的には、ほとんど含まれる。そう私は感じた。そう考えれば、ここでも、皮膚の発生の中に、個体発生過程が、「くり返される」のである。

時間的に進行する過程について、こうした「くり返し」に注目する、ヒトの考えの一般的傾向は、きわめて根強い。第一章で述べた、自分の側の問題とは、たとえば、こういうことでもある。

古くは、発生学に、前成説と後成説の対立があったことは、よく知られている。前成説では、受精卵の中に後の成体がすべて含まれている。その極端なイメージでは、精子の中に、小さ

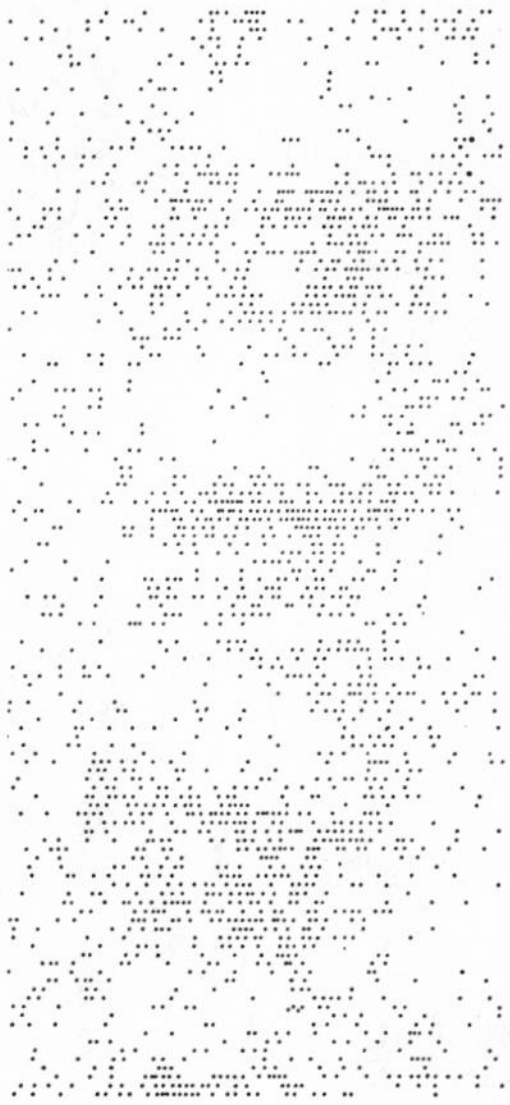

図59　ニワトリ胎児の肢の表皮にみられる細胞分裂のパタン
ニワトリの胎児の肢では、ウロコが発生する直前に、細胞分裂の多少によるパタンが、表皮にみとめられる。図は連続切片を利用して、分裂のパタンをプロットしたもの。肢を前面から見たとき、細胞分裂中の細胞を黒点として眺めていることになる。分裂の多い部分と少ない部分が交互に出現する。このパタンは、時間とともに「移る」可能性がある。こうした「くり返し」パタンは、さまざまな局面で、発生過程に認められる。

½ミリ

なヒト、ホムンクルスが入っており、そのホムンクルスの中には、また次のホムンクルスが入っている。これでは、受精卵の中に、無限が含まれなくてはならない。

もちろん、教科書的な発生学の歴史では、前成説は敗れた。しかし、実際にわかったことからすれば、やや違った形とはいえ、ホムンクルスは、やはり含まれていた。それは、ただし、「遺伝子」という名称に変わっていたのではあるが。

前成説では、世代ごとの「くり返し」を、きわめて厳密に考えた。これも、一種の「自己相似」である。それがおそらく、誤りのもとだったが、同じような誤りが、ヘッケルにおいても、再び指摘できると思う。

発生と進化は、いずれも、形態の成立を説明する。では、両者には、どのような関係があるか。

2 発生過程と進化過程

個体発生をつなげていけば、進化過程になる。したがって、そうした理屈でいえば、個体発生を一つの単位とし、それを連続して多数含んだ長い時間過程が、進化であると考えてよい。こうした考えは、たとえば次のような、ラセン形に進行する過程として、図に示される。発生すなわちオントゲニーと、系統発生（進化）すなわちフィロゲニーの、両者を含めた概念として、その全体、すなわちこのラセンを、ホロゲニーと名づける人もある。「全」発生とでも、表現すべきかもしれない。広義の系統発生と呼んでもよい。

ただし、実際には、形態学者は多くのばあい、進化を成体の形の系列として、考えていると思う。古生物学者は、もっとはっきり、そう考えるであろうし、具体的なイメージは、そうならざるを得ないであろう。若年の個体の化石は、成体に比べれば少ないだろうし、胎児の化石は、まず見つからないからである。たとえば、古生物学者パターソンの『現代の進化論』は、ほとんど発生に触れるところがない。

他方、遺伝学者であれば、進化を、遺伝子の変化の集積として思いえがくのではないか。

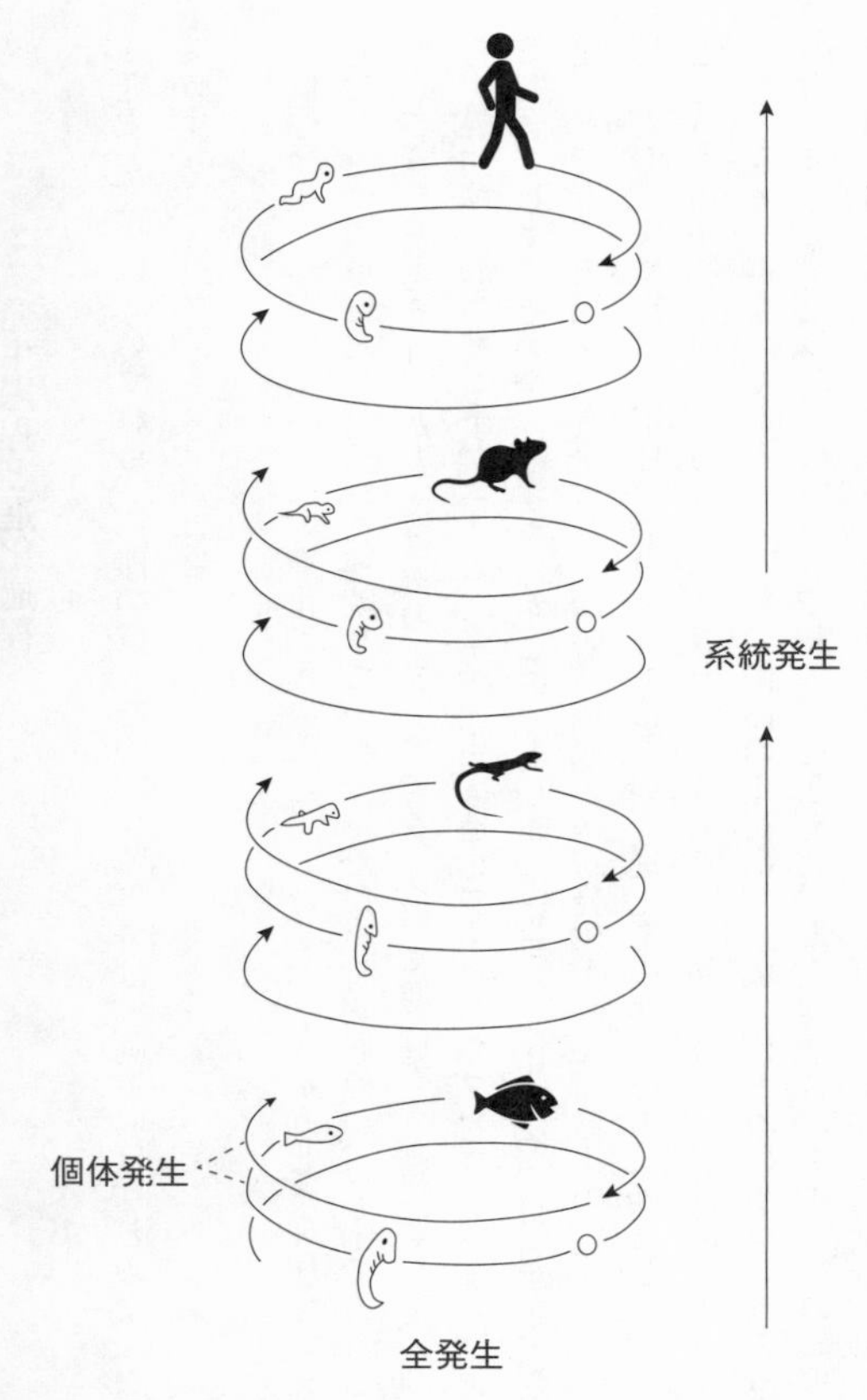

図60　ホロゲニー（全発生）
図の一つの輪が個体発生を、縦方向が系統発生を示す。縦に成体だけをつなぐと、サカナがヒトになったりするので、一見不思議に思える。しかし、卵の系列、あるいは胎児の系列をつないでみると、さした変化がないこともわかる。

遺伝子の一組さえきまれば、遺伝学者にとっては、あとは自動的に進行する過程にほかならない。それなら、面倒な自動進行過程はとばし、遺伝子だけを考慮すればよろしい。じっさい、集団遺伝学を用いた進化学者は、進化を数字に転化しているように思われる。

ヘッケルの反復説、「個体発生は系統発生をくり返す」は、右のホロゲニーの定義からすれば、文字どおりの逆説ということになる。

ヘッケルの考えは、今世紀になって、多くの専門家から批判された。ただ、その批判が、原典の批判の上に行われたものではない、との批判もある。そもそもヘッケルの書物は浩瀚(こうかん)なもので、それを一行足らずにまとめたのでは、どうしても誤解を生じる。

米国では、基本的な教育が徹底しているとみえて、学界の通説らしいものがある。発生と進化の関係については、フォン・ベアの原則を挙げるのが、教科書の常となっている。これはおそらく、発生と進化との関係をあつかった、英語圏での名著、ド・ビアの『胚と祖先』の影響と思われる。アメリカ人は、英語の書物しか読まない傾向が、とくに強い。ド・ビアは、ヘッケルとは対照的な、イギリス人らしい現実的な論旨で、ヘッケルを徹底的に批判した。もっとも、批判はしばしば、相手の学説を自分が論破できるような形に、解釈してから行われる。

具体的に、発生過程を考察すれば、ド・ビアの言うとおり、ヘッケルの法則があたらない例が、いくらでも見つかる。すなわち、個体発生と系統発生は、厳密な時間的な自己相似関係をもたない。しかしそれは、第一章でも論じたように、もともとあたりまえである。問題は、何がくり返されないか、つまりヘッケルの法則に反するか、ではなく、いったい何がくり返されるかである。この点も、すでに第一章で述べた。どのような科学も、はじめは共通点、つまりくり返しの発見である。

その意味で、ヘッケルの法則が、まったくの誤りとは、私は考えていない。もちろん、ヘッケルの考えを、自己相似図形だと規定すれば、それは前成説の場合と同様、誤りである。しかし、個体発生と系統発生の両過程のあいだに、対応関係が皆無だという保証も、また無い。そこがはっきりしない以上、ヘッケルは、かなりデタラメかもしれないが、まったくデタラメだ、とも言えないのである。

ところで、フォン・ベアの法則は、つぎのようなものである。

(1) 発生では一般的な性質が、特殊化した性質より以前に出現する。

(2) より一般的な性質が、より特殊な性質よりさきに出現し、もっとも特殊化した性質が最後に出現する。

(3) 発生過程が進むにつれて、各種はいっそう他種から離れていくことになる。

(4) ある種の発生初期の形態は、それより下等な種の成体に似るのではなく、そうした下等な種の発生初期の形態に似る。

要するに、フォン・ベアは、胚は発生の初期にはたがいに似ており、発生が進むにつれて、しだいにたがいに似なくなって、その生物特有の形を現してくる、と述べたのである。たとえば、ヒトとゴリラのように、近縁な動物間でも、ヒトでは、直立二足歩行と、平均一三五〇立方センチにもなる脳（ゴリラは四五〇ていど）が特徴的であるが、それは生後とくに発達する。また、ゴリラの方からみれば、ゴリラ特有の突き出した口や、頭のてっぺんにある矢状稜（雄ゴリラの頭）は、やはり生後に強く発達する。つまり、これらの特徴は、発生上、出現が遅い。しかるに、ヒトにもゴリラにも共通の性質は、より初期に出現してくる。したがって、ヒトとゴリラの、胎児ないし新生児どうしを比較すれば、親の場合よりも、類似が大きい。

もし、進化上新しい形質が発現してくるとすれば、それ以前に、個体発生の過程が、その形質をみちびくように、変化していなければならない。つまり、発生のどこかが、かならず変化しなくてはならない。

そのなかで、第一に考えられるのは、新しい形質が、かならず発生過程の最後に出現する場合である。このばあい、それ以前の発生過程に、別段さした変化がおこらないのが通例だとすれば、「個体発生が系統発生をくり返し」ても、おかしくはない。多少変化したにしても、祖先型の発生過程に要する時間が、全体にやや縮まる程度であれば、やはり個体発生は、系統発生の簡略化された反復となる。

もう一つの場合として、個体発生の過程で、祖先型の動物では胎児期にみられる形質が、

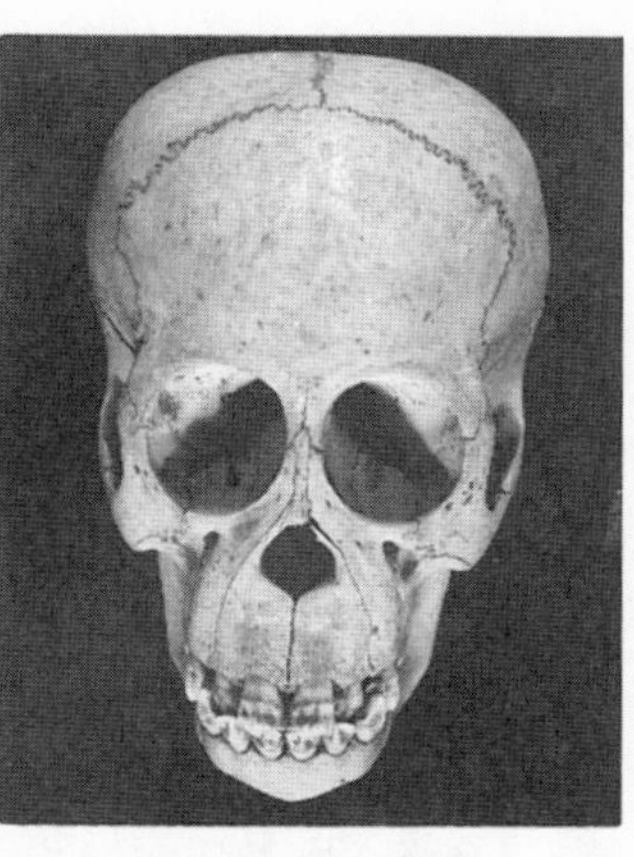

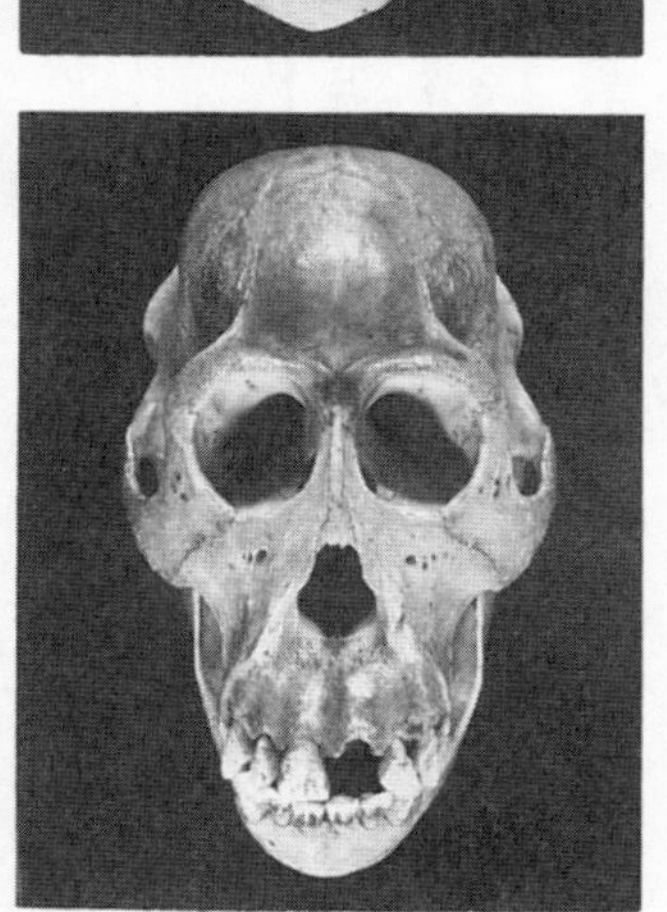

図61　オランウータンの頭骨
若い個体（上）と成体（下）。さて、どちらがヒトに似ているだろうか。

むしろ成体期まで残存、あるいは発生を延長することによって、新しい形質として発現することが考えられる。このばあい、個体発生は系統発生を、部分的にむしろ省略してしまう。

こうした考え方の典型的な例として、

「ヒトは性的に成熟した、サルの胎児である」

とする、オランダの比較解剖学者、ルイス・ボルクの説を挙げることができる。この説は、一九二六年、フライブルクで開かれた解剖学会の席上で発表され、同年、その要旨が刊行された。

ボルクは、ヒトの解剖学的特徴とされるものの、ほとんどすべてが、当時考えられていたように、直立二足歩行に対する適応ではなく、また決してヒトになって初めて出現したものでもなく、むしろ、サルでは胎児期にみられる性質と考えていい、との仮説を発表した。たとえば、身体のプロポーションをとると、ヒトでは頭が相対的にきわめて大きい。しかし、こうした頭の大きさは、サルの胎児では、ヒトと同じような割合を示す。一般に、子供の時期ほど、相対的に頭は大きいからである。あるいは、頭蓋底の曲がり、歯の萌出時期、骨盤部の傾斜などの解剖学的特質について、ボルクは同様の議論をくりひろげた。

このような現象は、ボルクの表現を借りれば、ヒトの「胎児化現象」である。では、こうした胎児化は、どのようにして起こるか。ボルクはそれを「発育の遅滞」だという。ヒトは、サルにくらべて、全体に発育が遅滞する。ヒトでは、成人するまでに長い時間がかかるが、これも全般的な発育遅滞現象の一つである。歯の萌出時期などについても、ヒトでは典型的な遅滞が生じている。逆に、サルでは、発生は、ヒトよりも前進的である。すなわち、サルの発生段階は、ヒトの最終発生段階を超えて、「先に」進んでいる。

ボルクの考えは、現在そのままの形では、認められてはいない。たとえば、ボルクは、このような発育の遅滞の原因として、内分泌の変化を考えた（それを、ボルクは機能的要因と呼ぶ）。しかし、それが当らないことは、すでにはっきりしている。

ボルクの基本的な考えは、きわめて明瞭である。ボルクは言う。

われわれの体の一次的な諸特徴は、共通の性格をもつ。この状況は、そうした特徴が、時の経過とともに、たがいに独立に、それぞれに固有の原因要素の結果として生じた、という推定と相容れない。その性格の一致が、共通の原因を物語るからである。さらに、このことから、形態の胎児化は、外部から生物体にはたらいた、外因の結果ではなかっただろう、と結論せざるを得ない。それは、それ自体変化する外的状況への適応ではなかったし、〈生存競争〉によって条件づけられたものでなく、自然淘汰の結果でもなかった。これら進化の諸要因——生物界における、その作用を疑うわけでは、決してないけれども——は、それぞれ特異的にその作用を及ぼすのであって、その故にこそ、それらは人間の体形の説明のためには、不十分なのである。人体の形成において、その成立過程を支配する要因は、有機体そのものの中に存在したのにちがいなく、それは内的・機能的な要因だったであろう。まとめていえば、すなわち〈統一的、有機的な発生原則の結果としての人類成立〉である。

ここには、典型的な、「比較形態学者の発生・進化論」が表明されている。ボルクは頑張って、要因まで推定したけれども、それは間違っていた。しかし、ヘッケルの場合と同じように、「ヒトはサルの胎児型」だという示唆に対しては、それを完全に誤っているとすることも、またできない。ボルクは、まさしく、形態の発生的解釈の、一つの典型を、最初に定式化したのである。

こうした、発生と進化の関係について、アメリカの進化学者、スティーブン・J・グールドは、ド・ビアがていねいに論じた、発生過程における新形質の出現と、時間との関係を、あらためて整理しようとした。

グールドの考える時間は、もちろん単純な物理的な時間ではない。それぞれの「形質の発生」における、「タイミング」である。この「タイミング」に、祖先型と比較したばあい、変化が生じれば、さまざまな形態変化が生じる可能性がある。ある形質の発生の時期が、祖先型におけるその形質の発生の時期に対して、相対的に変化することを総称して、ヘテロクロニー、つまり異時性と呼ぶ。

こうした考え方で、進化上の形態変化が、どのくらいまで説明可能かという点は、いまだ議論の最中である。考えてみれば、形質の組み合せはじつにさまざまだが、こうした時間のズレには、相対的な遅れか、相対的な早まりしかない。そこから、どの程度の形態変化が可能か。

ただ、具体的に、こうした考え方が、形態の説明にとくに有効な場合は、相対成長に関する問題である。われわれは、動物の各部位、あるいは器官の成長を量的に計測できる。その場合の成長率は、場所により、器官により、発達段階により、さまざまである。しかし、そのようなデータを知っていれば、たとえば、成長が実際に停止する時期よりも、さらに時間的に延長した場合の、先の状態を予測できる。つまり、時間を変化させるだけなら、定量的にどの程度の形態の変化が許されるかを、知ることができる。こうした研究は、電子計算機の進歩によって、さらに進む可能性がある。

3 発生と形

発生学は、以前は、記載発生学と、実験発生学にわけられていた。記載発生学は解剖学と縁が深い。これは、個体が、実際にどのように発生していくかを、記載する。昔は、発生現象を、それ以外にどう扱ったらいいか、わからなかったから、そうしたのではないかと思う。つまり、まずは観察である。

発生を観察していると、どんどん形が変わる。ニワトリなら、三週間でヒヨコになるから、その間の形の変化は、きわめて早い。急速に変化する時期なら、朝から晩まで、ただ見ていれば、ずいぶん変化がおこる。記載発生学では、その間の形の変化を、記載する。胎児は、たとえゾウであっても、鰓（えら）が発生し終わる時期までは、数ミリの大きさである。その時期までは、ヒトでも、ネズミでも、形にさした変わりはない。小さいから、観察には顕微鏡を使うことが多い。各器官の発生まで、そうして細かくていねいに見ていると、まったく際限がない。

実験発生学は、発生機構学ともいう。これは観察するだけではなく、胚をいじる。それによって、発生がどんな法則で進行するかを、知ろうとする。誘導現象の発見で有名なシュペーマンは、実験発生学者である。

最近は、胚のかなり極端ないじり方が、できるようになった。哺乳類でも、初期胚を複数癒合させて、単一の個体を発生させる。これを、キメラという。そういうものが、同種間だけでなく、異種間でも可能なことがわかった。ヤギとヒツジのキメラができたからである。あるいは特定の遺伝子を、異種の動物の胚に導入する。そんなことも可能である。その遺伝子は、導入した個体にも、子供の一部にも、発現される。

実験発生学は、発生過程の理解に資するだけではない。今後の方向性として、生物の発生過程を人工的に変更することによって、発生工学とよばれる、新しい分野を作ろうとしている。

形態学に関係が深いのは、もちろん、記載発生学である。発生過程では、形は、時間の経過につれて、急速に変化する。さきに述べたように、それを記載すれば際限がない。では、それを、まとめて説明する方法があるか。

こうした説明で、もっとも純粋かつ極端なものがあるとすれば、それは、たとえば、次のような数式になるはずである。

$$F = f(t)$$

この数式の t に、時計で計れる時間を代入すると、F、すなわち形が得られる。こうした「式」の形が、発見できればいい。進化学者や発生学者は、ちがうと言うだろうが、形態学者に必要なものは、こういう式である。すでに述べた、トムの扱いはこの種のものである。むろん、こうした理想的な式は存在しないであろう。しかし、論理的に絶対ないかといわれると、私にはわからぬ、と言うほかはない。

こういう便利な式がないとすると、発生における形の変化を、基本的にどういう形式で説明したらいいか。これは、冗談ではない。私も、以前、この問題で悩んだ。なぜなら、たとえば、心臓なら心臓の形の変化を記載しようとする。形はどんどん変わる。いったい、なにを記載すればいいのか。どうもそこがはっきりしない。だから、右のような式が欲しくなったのである。

たしかに、形はどんどん変わる。最後になにが生じるか。親が生じる。

それなら、はじめからわかっている。受精卵があれば、ふつうの条件下では、かならず親ができる。それ以上、なにが知りたいのか。あるいは、それ以上、なにがわかればいいのか。発生工学なら、ある意味で試行錯誤だからべつだが、発生過程の理解というのが、どういう形式になったら、理解なのか。そう考えたら、わからなくなった。発生過程は因果関係か。おそらく違う。受精卵が、親の原因とはどうも思えない。

何が、どうわかればいいのか。それが、いまだにわからない。私自身が発生学らしい主題から、研究生活を始めたにもかかわらず、まだ発生学者になれないのは、そのせいである。しかし、相変わらず、発生現象は観察している。その当面の結論を、述べておくしかない。

脊椎動物の発生で、きわめて目立つのは、間葉（かんよう）の集合である。これは「くり返し」起こる。最初に起こるのは、体節の形成である。これは、体軸の前後方向に規則的にならんだ、間葉の集合である。もちろん、体節は、脊椎動物以外の多くの群にも生じる。つづいて鰓弓が形成される。これも、前後にならぶ、間葉の規則的な集合である。体節と鰓弓とは、それぞれに固有の血管と神経、そして支持要素、つまり軟骨をもつ。体節と鰓弓の間葉は、やがて急速に移動し、さまざまな構造をつくる。

　鰓弓が消失するころ、外耳が、いくつかの間葉塊から形成される。ヒト以外の哺乳類では、洞毛の原基も、この時期に生じる。これも、規則正しく前後に配列する、間葉塊である。同時に、体部の皮膚では、乳腺が生じるが、これもある一連の線上に配列する、間葉の塊である。こうした構造ができてしまうと、最後に、毛の原基が発生する。これも、間葉が集合するが、この場合には、空いた土地に、適当な密度を保って生じるように見える。したがって、毛の原基は、多くの動物で、数回生じる。つまり、最初の毛が生じ、成長によって皮膚の面積が広がると、ふたたび空き地が生じ、その空き地に、再度毛を生じる。はじめに生じるものほど、太く大きく、のちに生じるものほど、小さい。これが一次毛、二次毛などと呼ばれるものである。

　発生におけるくり返しは、右のように、間葉の集合に典型的にみとめられる。もし、間葉の集合が、ある周期で、くり返し、他の現象とは比較的独立に指令されて生じたとしても、右のようなことが起こる。間葉はなんらかの指令の結果、ただ離合集散をくり返すのだが、そのつど、周囲の事情が違ってしまっている。もちろん、そのあいだに、発生が進行したからである。また、間葉が、集合できる場所も違っている。そのため、集まるごとに、違う結果を生じる。そんなふうにも見える。

こうした観察や、そのまとめ、すなわち記載発生学から、もし何かわかるとすれば、それは、やはりくり返しの規則であろう。時間的なくり返しの規則は、空間的には、通常、ある紋様、つまりパタンとして表現される。だから、発生学が、形態を説明する有力な場合の一つは、パタン形成である。逆に、形態から、われわれは、単純な紋様だけでなく、右に述べたような、複雑な、しかしやはりくり返す紋様を、まだまだ数多く、見いだせるのではないか。それは、より抽象化された紋様である。この紋様は、何層かに重なり合っているため、判読はなかなか困難である。しかし、そうしたややこしい場面から、ある明瞭な紋様が読み取れるなら、それこそ、形態学の醍醐味の一つである。

4 進化と形

進化は、発生ほど、形との関係は、一見むずかしくない。なぜなら、進化における形態変化は、発生のように目の前では起こらないから、無視しようと思えば、無視できる。しかし、それはむろん、形態の進化における問題点の解決を、実際には、発生よりさらに困難にしている。

発生過程は、くり返し観察できる。しかし、数十億年にわたる進化過程そのものは、くり返し不可能である。ゆえに、進化は、実験科学の対象ではない。そう考える人も多い。しかし第一章でも述べたように、くり返し不可能といえば、なにごとであれ、くり返しは不可能かもしれない。むしろ、ふたたび、問題はなにがくり返され、なにがくり返されないか、である。

進化学の実験科学化について、もっとも希望がもてる分野は、遺伝子工学と発生工学であろう。いまのところ、まだ夢物語かもしれないが、過去の生物を再現することが、論理的に不可能だとは思えない。そうしたことが可能になるとすれば、それまでに、われわれは、きわめて多くのことを理解するようになっているであろう。その時には、実験科学としての進化学が、形態形成の歴史を、解明してくれるはずである。

進化についても、発生の場合と同様、その論理について、どう考えても困難がある。困難の第一は、進化に内在する要因を決定しようとする要因論である。

形態学者が、たとえば自然選択説をとったとしても、器官形成についてはあまり益がない。構造の進化を自然選択で説明するのは、たいへんな苦労であろう。そうした問題の説明の困難と矛盾は、すでに言われつくしている。この本でも、それについては、前章ですでに述べた。

進化の要因論は、さらにべつの副作用を生じる。恐竜は、隕石が地球に衝突した事件のために、絶滅した（と仮定する）。自然選択説を信じなくても、進化における、なんらかの内在的要因の存在を、（なんとなく）信じている人は、こうした説を、なかなか認めようとしないであろう。なぜなら、隕石は、生物に内在する要因とは、まったく無関係だからである。そうした偶然を認めることは、「進化論」の「論」の領域をせばめる。それが、こうした説に対して、心理的抵抗を生じさせる。

しかし、現実の進化が、生物とはほとんどまったく無関係の、そうした要因で動かされたことも、かならずあったはずである。恐竜の絶滅もなるほど、自然選択ではあるが、絶滅されてしまっては、形態の進化は論じられない。対象がなくなったのでは、それこそ科学にならない。したがって、進化過程全体に、完全な法則性を求めても無意味なことは、はじめからわかったようなものである。

形態学の立場からみた進化は、したがって、進化の実際の過程がどうであったかという問題に、ほとんど尽きる。発生過程の場合と同様、私は、個人的には、進化の要因が自分に理解できると思っていない。すでに述べたように、何がわかれば、わかったことになるのか、そこがすでに、わからない。

それに反して、進化の実際の過程がどうだったかは、きわめて興味深い課題である。比較解剖学は、これについて、多くの貢献をしてきている。それを紹介すれば、何冊も書物を書かなくてはならない。比較解剖学が貢献した、著明な業績の一つだけを、例として挙げておこう。それは、ライヘルト＝ガウプ説と呼ばれる。

ヒトを含め、哺乳類では、中耳に、ツチ骨、キヌタ骨、アブミ骨とよばれる、三つの小さな骨、すなわち耳小骨が入っている。中耳は、空気を含んだ小さな部屋で、外側を鼓膜が境しており、耳小骨のうち、ツチ骨の一部は鼓膜に付着し、鼓膜の振動をキヌタ骨を経由して、アブミ骨に伝える。すなわち、これらの小骨は、機能的に伝音系を形成する。

ところが、哺乳類の祖先型と考えられる爬虫類では、耳小骨は、一つしかない。これは、コルメラとか耳小柱とか呼ばれ、哺乳類のアブミ骨に相当する。なぜ爬虫類の耳小柱が、哺乳類のアブミ骨に対応するとわかるかというと、まずこの骨は、アブミ骨と同様、内耳に直接音を伝える位置にある。また、この骨は基部に穴が開いており、そこをアブミ骨動脈とよばれる血管が通る。その点も、まったく両者は等しい。

それでは、哺乳類の中耳に特有の、残りの二つの耳小骨は、どこから来たか。ライヘルトは、十九世紀初頭の解剖学者であるが、この部分の骨の対応関係から、爬虫類で顎関節を形成する、関節骨と方形骨が、哺乳類のツチ骨とキヌタ骨に対応すると考えた。これは、はなはだ大胆な考えである。なぜなら、顎関節は、物を食べる機能にかかわっているが、耳小骨は、音を聞く機能にかかわっており、両者は機能的に、そもそも何の関係もなさそうだからである。

ライヘルト説は、ながらく示唆としてとどまっていたが、今世紀はじめ、ドイツの比較解

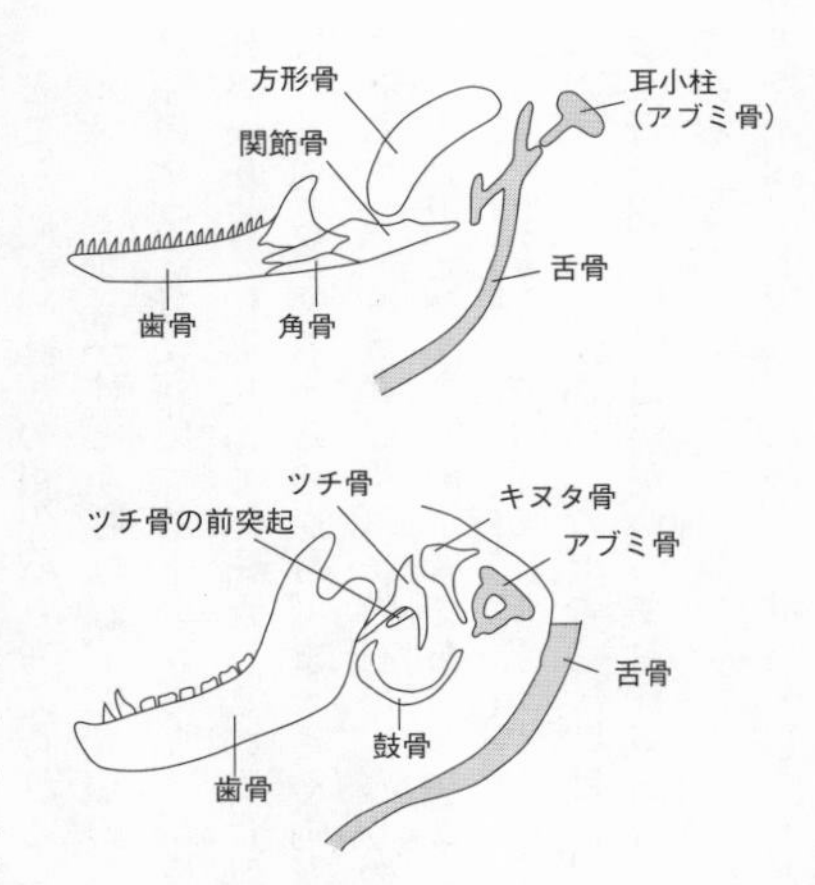

図62　爬虫類から哺乳類への伝音系の変化（Gaupp、改変）
上は爬虫類、下は哺乳類。いずれも胎児の状態を示す。哺乳類では、下顎が歯骨という単一の骨で構成される。方形骨はキヌタ骨、関節骨はツチ骨、角骨は鼓骨に対応している。このような対応関係（相同関係）を確定したのは、比較解剖学者ガウプである。

剖学者ガウプは、魚類からヒトに至る、脊椎動物の頭蓋について、この部分に存在する十個足らずの骨について、その対応関係をしらべ、ライヘルト説を徹底的に確認した。ガウプの方法は、代表的な脊椎動物の胎児と成体について、骨、神経、血管、筋肉などの位置関係をしらべ、ある群に見られる骨が、他の群の動物のどの骨に対応するかを、あいまいなままで残っていた問題を含め、はっきり解明した。

ここでは、典型的な比較解剖の方法が利用され、証拠はすべて、構造の位置関係だけである。したがって、考えようによっては、これは、まったくの状況証拠である。状況証拠の特性として、ガウプは、実例を大量に積み上げた。ガウプ以降、これ以上の状況証拠を、同じ問題について、積み上げた人はいない。

ライヘルト＝ガウプ説は、ガウプの発表当時すでに、強い反論をひきおこした。この説は、「幻想の構築産物」とすら、呼ばれたのである。なぜなら、二つの耳小骨の起源が、爬虫類で顎関節を構成する骨だというのだから、爬虫類型から哺乳類に進化する過程で、われわれの祖先はどうやって物を食っていたか、という当然の問題が生じたのである。

現生の哺乳類は、これに対して、顎関節を新生して問題を解決している。すなわち、爬虫類の方形骨関節骨関節に対して、哺乳類の顎関節は鱗状歯骨関節といい、鱗状骨と歯骨との間に、新たに関節が形成する。これは、哺乳類特有のものである。

ガウプの説は、この哺乳類特有の現象の必然性も、説明するものだった。しかし、反対者は、その具体的な移行を説明せよ、と言った。たしかに、現に顎関節に使用している方形骨関節骨関節を、どうやったら伝音系、つまり中耳に無事に持ち込み、そのあいだに、新しい顎関節を作ることができるのか。そうした機能的な移行を考慮すると、ガウプの考えをメチャメチャだと信じた反対者の気持も、わからないではない。とりあえず与えられた解釈は、古くからの顎関節、すなわち方形骨関節骨関節と、新生する鱗状歯骨関節の軸が、共通だったというものである。つまり、一時的に、二つの顎関節は並行して機能したという。

この機能的な説明が、どのていど、ガウプ説の認容に効果があったかはわからない。しかし、この説は、哺乳類における耳小骨の起源、顎関節の新生の必然性を説明し、かつ耳の周囲の骨の、対応関係を確定したため、内容が理解されるにつれて、広く受け入れられるようになった。

哺乳類の頭蓋を比較すると、耳の部分は、分類群による違いがきわめて大きい。たとえば、脳を覆う頭蓋冠の部分なら、どの動物をみても、いくつかの骨が集まって、ただなんと

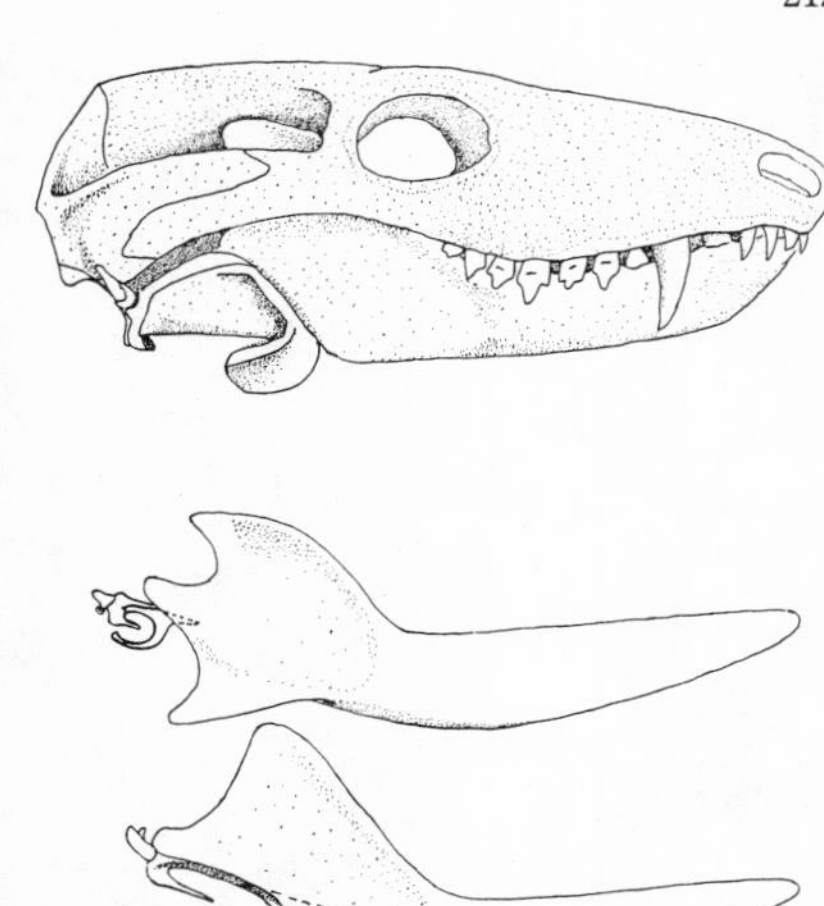

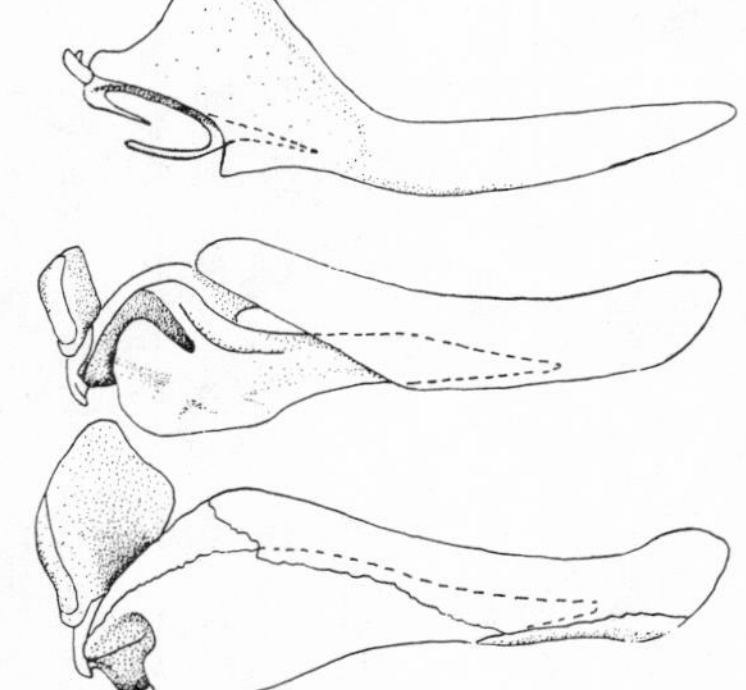

図63　下顎の進化（Allin、改変）
上の図は、爬虫類から哺乳類への移行を示す型の化石から構成されたもの。下顎の後方に骨の折れ返りがあり、ここに鼓膜の位置が想定された。
下の4段階は、爬虫類型の下顎から哺乳類の下顎に至る変化を想定して並べたもの。上が哺乳類で、下方ほど爬虫類型である。下顎の後方部が、爬虫類型ほど拡大する。

なく、丸い形をつくるだけで、骨の対応関係を考えるのに、難渋することはない。ところが、耳の部分では、形態の差そのものが著しい。

この部分は、ライヘルト＝ガウプ説でもわかるように、哺乳類に至る過程で、構築がずいぶん変化した。哺乳類に至る進化過程で変化した部分は、出来あがった哺乳類の分類群のあいだでも、多くのばあい、変異が大きい。耳の部分は、まったくそれに相当する。たとえば、中耳を包む骨が、多くの哺乳類で新生発達し、鼓室胞と呼ばれるが、この起源は分類群によって、さまざまである。しかも、トガリネズミ科のように、これをまったく持たないものまである。すなわち鼓室が骨でかこまれない。ハリモグラのように、原始的とされる哺乳類でも、鼓室胞はない。

なぜ、耳の部分に、哺乳類で変異が生じやすいのか。この種の問題こそ、形態学において、進化と発生的な解釈が典型的に必要な部分だが、ほとんどそのヒントもまだ、つかめていない。

耳の部分と対照的なのは、下顎である。爬虫類の下顎は、複数の骨からできている。ところが、このうち、歯の生える骨、すなわち歯骨だけが哺乳類の下顎に残り、あとは関節骨のように、耳の周囲に取り込まれるか、消失した。すなわち、哺乳類の耳の部分の複雑化は、下顎の単調化と関連している。

現在では、哺乳類型爬虫類、すなわちわれわれの祖先型の動物の化石が、哺乳類か爬虫類かを判定するのに、顎関節と耳小骨が、基本的な区別点となっている。化石は、ふつう骨しか出ないからである。お乳を子供に飲ませたかどうかなど、まったくわからない。もし顎関節が、方形骨関節骨関節であれば、それは爬虫類である。その動物には、とうぜん、耳小骨は一つしかないはずである。

耳の周囲の構造の比較解剖学は、ガウプのころから、さして進歩したとは思えない。形態学者も、ほかにたくさん、勉強しなくてはならないことが増えたからである。しかし、このあたりに、哺乳類成立の鍵をにぎる問題が一つ、隠れていることを、私は信じている。

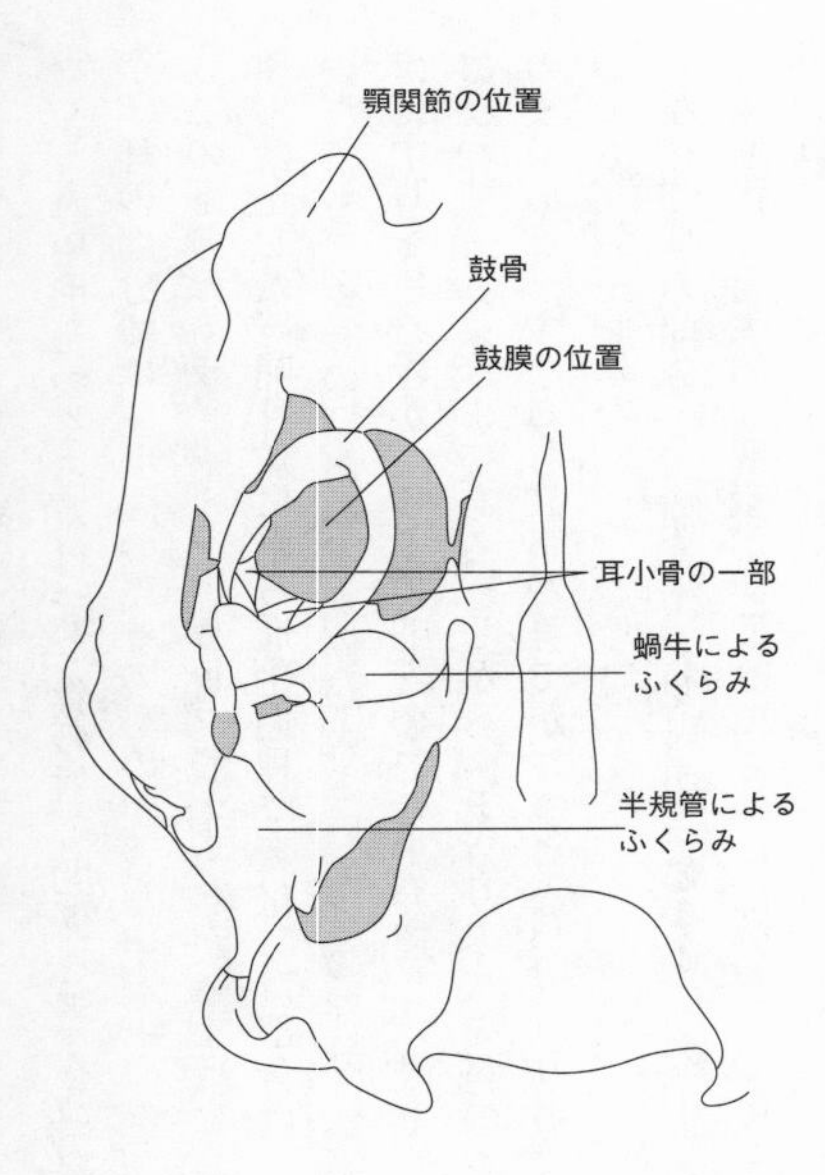

図64　哺乳類の頭蓋と耳の部分
写真に示すのは、a）イヌ、b）カピバラ（ネズミの仲間）、c）カンガルー、d）ハリモグラの頭蓋を、腹面から見たものである。鼓室胞を矢印で示す。d）のみに鼓室胞が欠けている。したがってd）では、鼓膜の周囲をかこむ輪状の鼓骨が見える。輪の中に見える細い骨は、ツチ骨の一部である。ジャコウネズミの状況を別図に示す。ここでも、鼓室胞は形成しない。このような状況は「原始的」だとされるが、機能的な意味があるかもしれない。

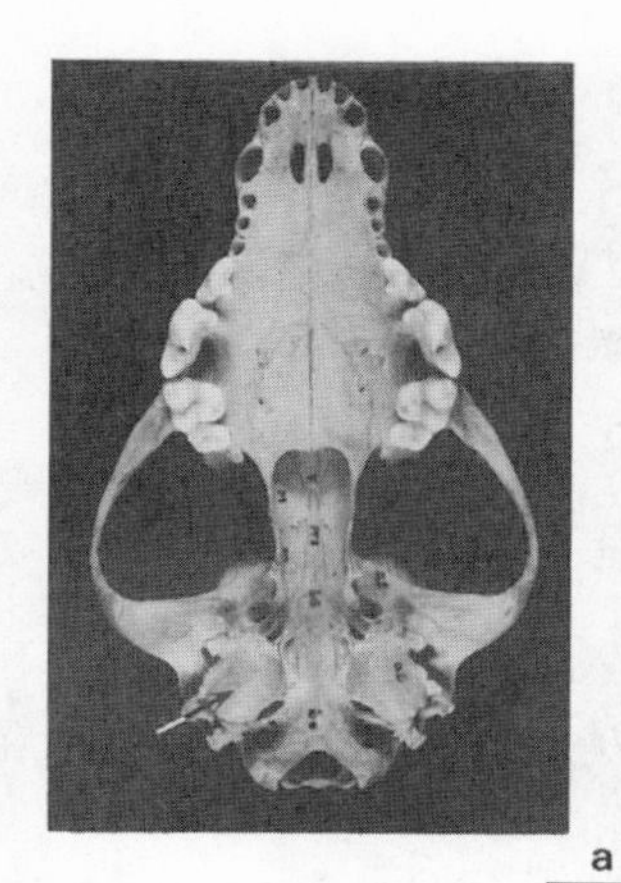

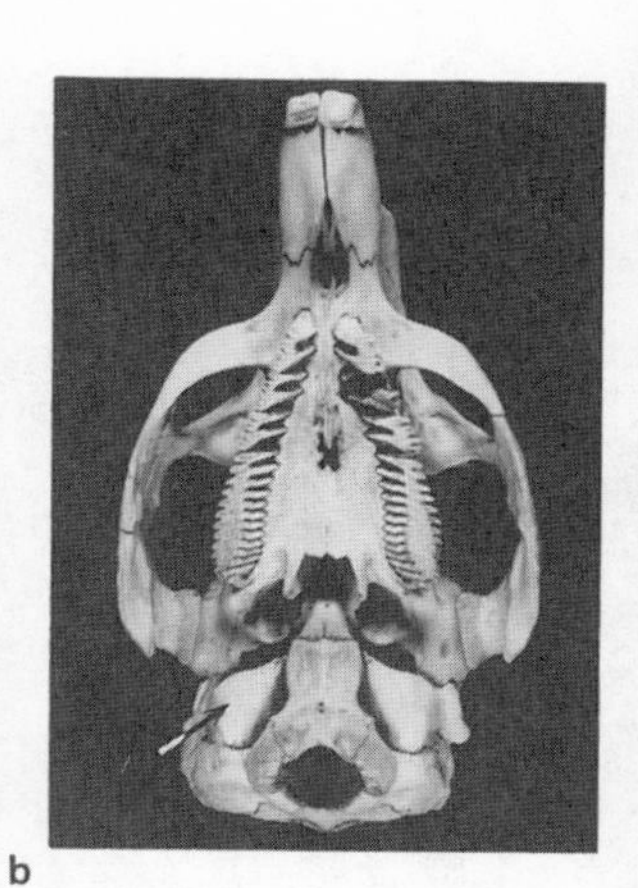

a b
c d

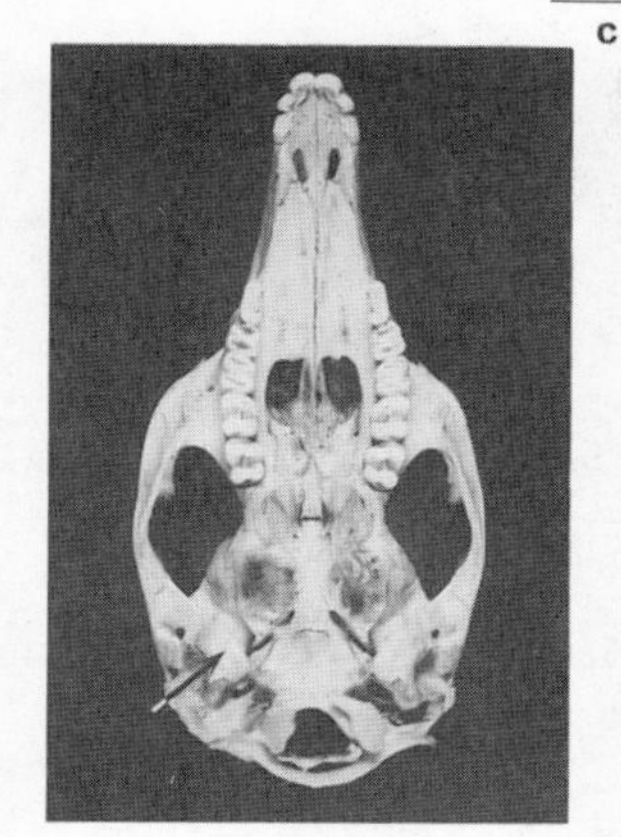

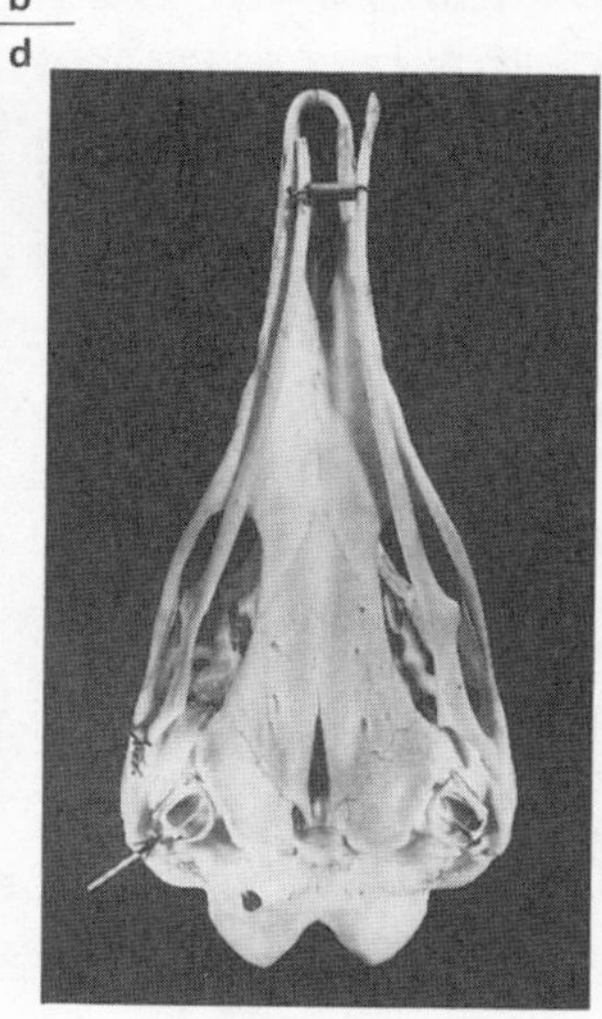

第十章　形態の意味

第六章以降で、一般的な見方として（1）数学的・機械的、（2）機能的観点から、つづいて時間的な見方として（3）発生的、（4）進化的な観点から、形態の取り扱いについて述べてきた。こうした形態の扱い方は、別な表現をすれば、形態の意味を扱うものである。そうでなければ、ただ形態そのものを示せばよろしい。しばしば、そのほうが「客観的だ」と考える人もある。

形の意味は、しかし、形を見る立場を決定する。形は、もともと無限の「客観的」属性をもっている。そのうち、どれを取り上げるかは、見る人の観点による。その観点を定めるのは、「意味」である。たとえばハンソンは、それを観察の「理論負荷性」と表現する。

感覚は、一般に、外部からの刺激によって、本人の意志にかかわらず働いてしまうところがある。それが、たとえば視覚の「客観性」の由来であろう。しかし、私が、死体を目の前にして困ったように、完全に客観的な観察など、おそらくありえない。

観察の「理論負荷性」とは、すなわち、形態の意味を認めることである。われわれは、まったく「無意味」な形態について、論じることなど不可能である。ロールシャッハ・テスト

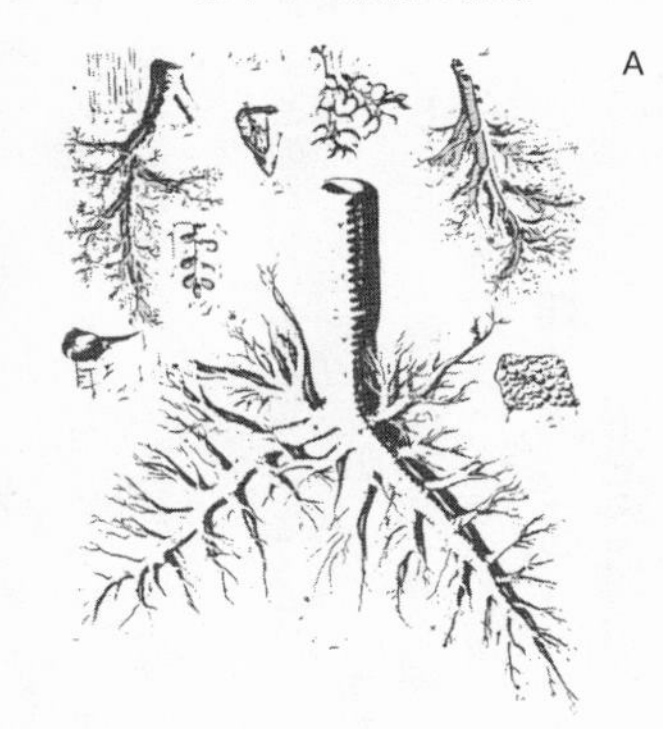

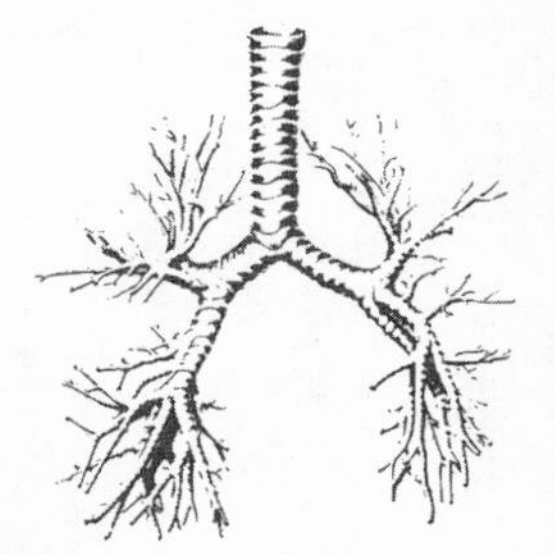

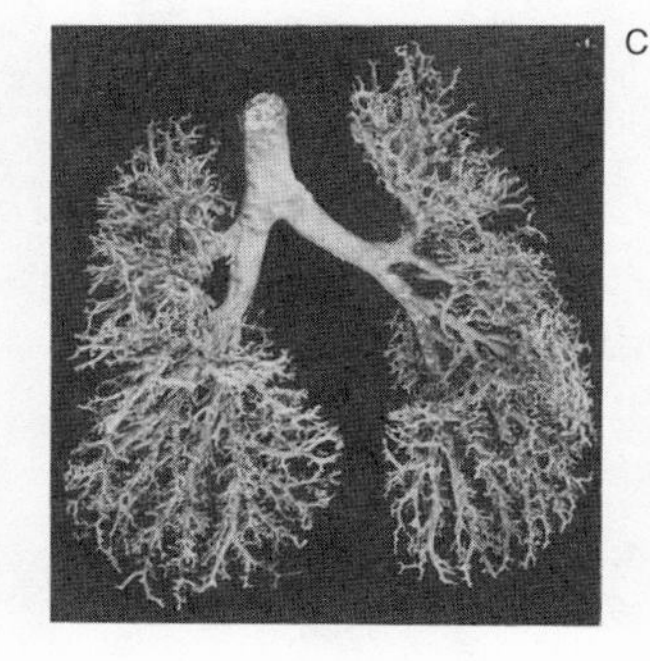

図65　見えるものの「理論負荷性」
17世紀には、気管支のパタンは（A）のように表現された（ビドローから）。現代では（B）のように表現される。実際の状況は、（C）に示す鋳型標本のような状態である。肉眼で見えるものの表現がこのように違ってくるについては、肺の外科の進歩や、気管支鏡の発達などの背景がある。

は、それをよく表している。ところが、形態の意味とは、テストが示すように、考えようによってはまさしく「主観」である。すなわち、観察している当人の、頭の中に存在するものである。

この点が、おそらく、ここでしたような「形態の意味を客観化」する努力を、妨げてきたと思う。科学は、主観を殺し、客観を扱うものだからである。

しかし、主観とはなにか。主観が恣意的なものだということは、誰でも知っている。しかし、それは、脳の機能である。すでに述べたように、ヒトの脳は、きわめてはっきりした、構造上の共通性をもっている。機能的にも、それは、たとえば、「主観をもつ」という、共通の機能を示す。主観の内容がなにか、についてては、いちいち吟味すれば、ヒトの個体の数だけあるといってもよかろう。しかし、ヒトが「主観をもつ」、という点については、ほとんど例外がないであろう。

生物科学が取り扱うのは、まさしく、ある現象の、こうした「くり返し」である。個体を代えても、主観の「形式」は、しばしばくり返す。いまの文脈でいえば、ある研究者が、自己の主題をどのようにえらぶかは、こまかく見れば千差万別だが、主題をあつかう「形式」に、それほど多くの種類はないであろう。それは、すなわち、「くり返す」。おそらく、ある定まった脳の機能形式を表現しているからである。

しからば、形態について、あえて分類するなら、ヒトは何種類の主観を持つのか。あるいは、何通りの異なった意味を見るのか。それを分類し、数えることはできないか。

これが、私がこの本を書いた動機である。そのような形態の意味を、私は右の四つに整理した。それ以外にないかどうか、私は知らない。こうした分類をみちびく論理は、いまのところ、べつにない。むしろ、分類はつねに、現にあるものを追認する。私はただ、従来の学者たちが考えてきたことを、自己流に整理して、並べた。

こうした扱いを、哲学と考える人もある。しかしここまで来れば、私がそれを、生物学と

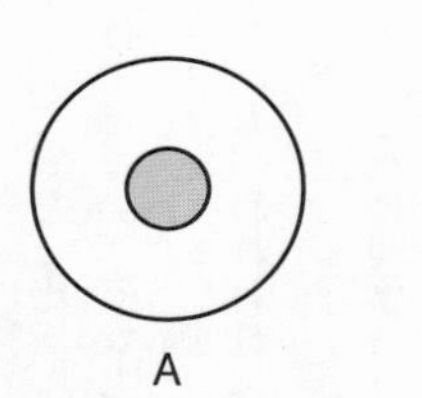

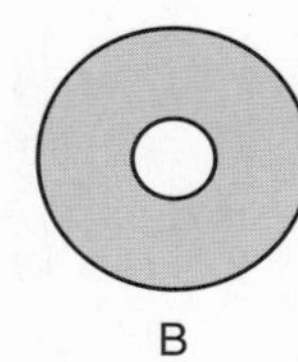

図66　視覚系の神経細胞における「受容野」の形
網膜の双極細胞、神経節細胞、あるいは外側膝状体の神経細胞は、図のような同心円状の受容野をもつ。受容野は網膜の小領域と考えてよく、その部位に光点があたると、同心円の中心部が興奮し、周辺が抑制されるか(A)、あるいは逆の反応(B)を示す。
受容野の形が眼の外見に似ているのは、偶然と考えてよいであろうが、こうした同心円状のパタンに、動物がよく反応することが知られている。クジャクの羽の目玉模様もそうだが、多くの昆虫が警戒色として目玉模様をもつ。それは、網膜のこのような性質と無関係であろうか。
さらに、パタンや形は、尺度不変性をもつことに留意せよ。パタンは外部にあるのか、われわれの脳にあるのか。

考えていることを、理解してくださる人もいるであろう。私は、脳の生理学を学んでいるわけではない。しかし、脳そのものの研究が、脳のすべてを、理解させるわけではない。つまりわれわれは、脳を中から見ることもできるし、外から見ることもできるはずなのである。しかも、われわれは、誰であれ、脳をもっており、それはたえず機能している。

第一章で、自己と対象について述べたとき、自己は、ヒトの神経系の働きであり、対象は、それに対する外界だと述べた。その対応関係が、われわれが経過してきた、数十億年の進化過程を反映していることは、あるいはすでに、了解していただけたかもしれない。われわれが、外界の事象を、「客観的」に観察できること自体が、この歴史のおかげである。なぜなら、「非科学的」な言い方を借りれば、われわれの感覚器、神経系は、おそらく、そのために進化してきたからである。

では、形態の意味はどこから生じたか。意味はおそらく、まったく関連がないと思われた現象どうしの、ある種の「連合」である。パブロフの犬は、ベルの音を聞くと、食事だと考える。この犬にとっては、ベルの音は、食事を意味する。私は、形態の意味を発見することが、パブロフのイヌ程度のことだというつもりはないが、類比的な現象であることは感じる。イヌにとっては、ベルと食事の関係の発見は、驚くべき、かつきわめて好ましい、大発見だったかもしれないのである。

なぜわれわれは、意味を発見しようとするのか。それは、おそらく、知りたいからである。あるいは、理解したいからである。「わかった」ときの喜びは、きわめて素朴なものだが、強烈である。それはたぶん「中毒」をひきおこす。アルキメデスが、裸で風呂から飛び出したという話は、「わかった」からである。かれにとっては、それが学界未知の事実であろうと、きわめて高度の論理であろうと、そんなことは無関係だった。かれの発見が、かれにとって、まさしく「発見」だったから、風呂から飛び出した。たとえささやかなものでも、いったん、この種の発作を経験すると、ヒトは中毒を起こす。

動物に、こういう反応があるかどうか、私は知らない。しかし、これだけはっきりした反応である以上、その初期的な現象は、動物にすら、おそらく存在するであろう。ネコはネズミの出入り口を発見すると、一日中でも、そこで待っている。私が五十年解剖学をやっているのも、たぶんそんなものであろう。

自然科学が、当然のこととして採用した客観主義は、きわめて多くの業績を生み出したと同時に、いくつかの盲点を生んだ。人類学者は、ヒトを扱う。ヒトの生物学的な大きな特徴の一つは、よく発達した脳である。しかし、脳そのものやその働きを、研究している人類学者というのは、あまり見たことがない。たぶん、そうした研究者は、脳生理学者と呼ばれるようになるのであろう。

客観的な自然科学としての生物学は、さまざまな生物が、いかに「基本的」な、すなわち「重要な」、共通の要素を含むかを追究してきた。あらゆる生物に共通する要素は、つねに「重要な」要素である。分子生物学は、大腸菌からヒトまで、遺伝子の科学的組成が共通していることを発見した。

しかし、さらに注目すべきことは、そうした遺伝子が含む情報の処理の「形式」に、さまざまな共通点が発見されることである。神経系についても、われわれは、しだいにそうしたものを、発見していくであろう。進化学は、ヒトはけっきょく、生物に由来したことを教える。同時にそれは、ヒトとさまざまな生物は、まさに一蓮托生であることを、教える。

しかし、一方、ヒトはしばしば、動物とヒトを峻別する。キリスト教では、とくにその傾向は強かった。

私の住む町のとなり町では、自然保護が政治的問題とからんでいる。ある良識的市民は、「自然の宝庫」という主張に対して、そんなものは、「われわれ普通の人間にとっては、無意味に等しい」と書く。

まさしく「意味」とは関係であって、そんなものは「私とは無関係」なのである。分子生物学が、なにを確認しようと、「普通の人間にとっては、無意味」に等しい。一切衆生悉有仏性。二千年以上前のお釈迦さまの教えも、現代生物学の成果も、ヒトの生活と思想を、そう簡単に変えはしない。

さらに、ヒトは、ヒトの中にも、あるいは生物学の中にすら、さまざまな戸を立てる。お前だって、形の見方に、四つの仕切りを立てたではないか。生物の示す形は、一つのものである。それを見る見方は、最終的に統一されなくてはならない。そう考える人も、あるかもしれない。それなら、ぜひそうしてくだされぱいい。

ただ、私の答えもはっきりしている。そうした統一は、もはや形の意味という場面には、見られはしないであろう。それは、すでに述べたように、もし統一されることがあるとすれば、おそらく脳の機能形式という観点から、やがて統一されるはずなのである。

参照文献

アーサー・O・ラヴジョイ（内藤健二訳）『存在の大いなる連鎖』晶文社。1975。

ノーウッド・R・ハンソン著、W・C・ハンフリース編（渡辺博、野家啓一訳）『知覚と発見』紀伊國屋書店。1982。

ダーシー・トムソン（柳田友道他訳）『生物のかたち』東京大学出版会。1973。

ルネ・トム、E・C・ジーマン（宇敷重広、佐和隆光著・訳）『形態と構造』みすず書房。1977。

ベンワー・マンデルブロ（広中平祐監訳）『フラクタル幾何学』日経サイエンス。1985。

藤田恒太郎『人体解剖学』南江堂。1958。

西成甫『比較解剖学』岩波全書。1935。

E. S. Russel : *Form and Function.* John Murray, London. 1916.

G. de Beer : *Embryos and Ancestors.* Clarendon Press, Oxford. 1958.

S. J. Gould : *Ontogeny and Phylogeny.* Belknap Press, Cambridge Mass. 1977.

R. Owen : *On the Archetype and Homologies of the Vertebrate Skeleton.* John van Voorst, London. 1848.

K. R. Popper : *Conjectures and Refutations.* Routledge and Kegan Paul. London, 1981.

A. Koestler : *Janus,* Hutchinson of London. 1979.

KODANSHA

本書の原本は、一九八六年に培風館より刊行されました。
文庫化にあたり、加筆修正を行ないました。

養老孟司（ようろう　たけし）

1937年，鎌倉生まれ。解剖学者。東京大学名誉教授。東京大学医学部を卒業後，解剖学教室に入る。1989年に『からだの見方』でサントリー学芸賞受賞。2003年に『バカの壁』で毎日出版文化賞特別賞を受賞。社会現象からアートまで，「ヒト」の心が引き起こすさまざまなテーマについて，脳科学や解剖学の見地から解説。その明快で説得力のある語りで，多くの人の心を掴み続けている。

定価はカバーに表示してあります。

形を読む
生物の形態をめぐって
養老孟司

2020年1月9日　第1刷発行
2023年6月27日　第6刷発行

発行者　鈴木章一
発行所　株式会社講談社
東京都文京区音羽 2-12-21 〒112-8001
電話　編集（03）5395-3512
販売（03）5395-4415
業務（03）5395-3615
装　幀　蟹江征治
印　刷　株式会社広済堂ネクスト
製　本　株式会社国宝社
本文データ制作　講談社デジタル製作

ISBN978-4-06-518546-9

「講談社学術文庫」の刊行に当たって

これは、学術をポケットに入れることをモットーとして生まれた文庫である。学術は少年の心を養い、成年の心を満たす。その学術がポケットにはいる形で、万人のものになることは、生涯教育をうたう現代の理想である。

こうした考え方は、学術を巨大な城のように見る世間の常識に反するかもしれない。また、一部の人たちからは、学術の権威をおとすものと非難されるかもしれない。しかし、それはいずれも学術の新しい在り方を解しないものといわざるをえない。

学術は、まず魔術への挑戦から始まった。やがて、いわゆる常識をつぎつぎに改めていった。学術の権威は、幾百年、幾千年にわたる、苦しい戦いの成果である。こうしてきずきあげられた城が、一見して近づきがたいものにうつるのは、そのためである。しかし、学術の権威を、その形の上だけで判断してはならない。その生成のあとをかえりみれば、その根は常に人々の生活の中にあった。学術が大きな力たりうるのはそのためであって、生活をはなれた学術は、どこにもない。

開かれた社会といわれる現代にとって、これはまったく自明である。生活と学術との間に、もし距離があるとすれば、何をおいてもこれを埋めねばならない。もしこの距離が形の上の迷信からきているとすれば、その迷信をうち破らねばならぬ。

学術文庫は、内外の迷信を打破し、学術のために新しい天地をひらく意図をもって生まれた。文庫という小さい形と、学術という壮大な城とが、完全に両立するためには、なおいくらかの時を必要とするであろう。しかし、学術をポケットにした社会が、人間の生活にとってより豊かな社会であることは、たしかである。そうした社会の実現のために、文庫の世界に新しいジャンルを加えることができれば幸いである。

一九七六年六月

野間省一

哲学・思想・心理

D・P・シュレーバー著／渡辺哲夫訳
ある神経病者の回想録

フロイト、ラカン、カネッティ、ドゥルーズ&ガタリなど知の巨人たちに衝撃を与え、二〇世紀思想に不可逆の影響を与えた稀代の書物。壮絶な記録を明快な日本語で伝える、第一級の精神科医による渾身の全訳！

2326

岸田　秀著
史的唯幻論で読む世界史

古代ギリシアは黒人文明であり、栄光のアーリア人は存在しなかった——。白人中心主義の歴史観が今なお世界を覆っている欺瞞と危うさを鮮やかに剔抉、その思想がいかにして成立・発展したかを大胆に描き出す。

2343

中島義道著
カントの時間論

物体の運動を可能にする客観的時間が、自我のあり方を決める時間であることをいかに精確に記述することができるのか……。『純粋理性批判』全体に浸透している時間構成に関するカントの深い思索を読み解く。

2362

今村仁司著
交易する人間（ホモ・コムニカンス）
贈与と交換の人間学

ヒトはなぜ他者と交易するのか？　人間存在の根源をなす「負い目」と「贈与」の心性による相互行為が解体して市場と資本主義が成立したとき、なにが起きたのか。人間学に新地平を切り拓いた今村理論の精髄。

2363

いしいひさいち著
現代思想の遭難者たち

思想のエッセンスを直観的に汲み取り、笑いに変えてしまう「いしいワールド」のエネルギーに、哲学者たちも毀誉褒貶。これは現代思想の「脱構築」か？　それとも哲学に対する冒瀆か？　手塚治虫文化賞も受賞！

2364

A・アインシュタイン、S・フロイト／浅見昇吾訳（解説・養老孟司／斎藤　環）
ひとはなぜ戦争をするのか

アインシュタインがフロイトに問いかける。「ひとは戦争をなくせるのか？」。宇宙と心、二つの闇に理を見出した二人が、戦争と平和、そして人間の本性について真摯に語り合う。一九三二年、亡命前の往復書簡。

2368

文化人類学・民俗学

松前　健著
日本の神々
イザナギ、イザナミ、アマテラス、そしてスサノヲ。歴史学と民族学・比較神話学の二潮流をふまえ、神々の素朴な「原像」が宮廷神話へと統合される過程を追い、信仰や祭祀の形成と古代国家成立の実像に迫る。

2342

矢野憲一著
魚の文化史
イワシの稚魚からクジラまで。世界一の好魚民族といわれる日本人の魚をめぐる生活誌を扱うユニークな書。誰でも思いあたることから意表を突く珍しい事例まで、魚食、神事・祭礼、魚に関する信仰や呪術を総覧！

2344

宮家　準著
霊山と日本人
私たちはなぜ山に手を合わせるのか。神仏や天狗はなぜ山に住まうのか。修験道研究の第一人者が日本の山岳信仰を東アジアの思想の一端に位置づけ、人々の生活と関連づけながらその源流と全体像を解きあかす。

2347

丹羽基二著
神紋総覧
出雲大社は亀甲紋、諏訪神社は梶の葉紋、八幡神社は巴紋……。家に家紋があるように、神社にも紋章＝「神紋」がある。全国四千社以上の調査で解きあかす〈神の紋〉の意味と歴史、意匠と種類。三百以上収録。

2357

吉野裕子著（解説・小長谷有紀）
日本古代呪術　陰陽五行と日本原始信仰
古代日本において、祭りや重要諸行事をうごかした原理とは？　白鳳期の近江遷都、天武天皇陵、高松塚古墳、大嘗祭等に秘められた幾重にもかさなる謎を果敢に解きほぐし、古代人の思考と世界観に鋭くせまる。

2359

小泉武夫著
漬け物大全　世界の発酵食品探訪記
梅干しからキムチ、熟鮓（なれずし）まで、食文化研究の第一人者による探究の旅。そもそも「漬かる」とは？　催涙性の珍味「ホンオ・フェ」とは？　日本列島を縦断し、東南アジアで芳香を楽しみ、西洋のピクルスに痺れる。

2462

自然科学

生命誌とは何か
中村桂子著

「生命科学」から「生命誌」へ。博物学と進化論、DNA、クローン技術など、人類の「生命への関心」を歴史的にたどり、生きものの多様性と共通性を包む新たな世界観を追求する。ゲノムが語る「生命の歴史」。

2240

生物学の歴史
アイザック・アシモフ著／太田次郎訳

人類は「生命の謎」とどう向き合ってきたか。古代ギリシャ以来、博物学、解剖学、化学、遺伝学、進化論などの間で揺れ動き、二〇世紀にようやく科学として体系を成した生物学の歴史を、SF作家が平易に語る。

2248

相対性理論の一世紀
広瀬立成著

時間と空間の概念を一変させたアインシュタイン。「力の統一」「宇宙のしくみ」など現代物理学の起源となった研究はいかに生まれたか。科学の常識を根底から覆した天才の物理学革命が結実するまでのドラマ。

2256

寺田寅彦　わが師の追想
中谷宇吉郎著（解説・池内　了）

その文明観・自然観が近年再評価される異能の物理学者に間近に接した教え子による名随筆。研究室の様子から漱石の思い出まで、大正〜昭和初期の学問の場の闊達な空気と、濃密な師弟関係を細やかに描き出す。

2265

奇跡を考える　科学と宗教
村上陽一郎著

科学はいかに神の代替物になったか？　奇跡の捉え方を古代以来のヨーロッパの知識の歴史にたどり、また宗教と科学それぞれの論理と言葉の違いを明らかにして、人間中心主義を問い直し、奇跡の本質に迫る試み。

2269

ヒトはいかにして生まれたか　遺伝と進化の人類学
尾本恵市著

人類は、いつ類人猿と分かれたのか。ヒトが直立二足歩行を始めた時、DNAのレベルでは何が起こっていたのか。遺伝学の成果を取り込んでやさしく語る、人類誕生の道のり。文理融合の「新しい人類学」を提唱。

2288